KOSMOS

KLAUS M. SCHITTENHELM

Sterne finden

ganz einfach

Die 25 schönsten Sternbilder sicher erkennen

Illustriert von Gunther Schulz

Los geht's!

Sterne & Sternbilder

Frühling

Sommer

Herbst

Winter

Mond, Planeten & Satelliten beobachten

Los geht's!

So benutzen Sie dieses Buch

Wenn Sie schon ab und zu in den Himmel geschaut und bisher kaum ein anderes Sternbild als den Großen Wagen gefunden haben, dann ist dieser Sternführer genau der Richtige für Sie.

Das vorgestellte Sternbild

Die Jahreszeit und der optimale Beobachtungsmonat

Die Wegbeschreibung zum Sternbild Schritt für Schritt

So groß und breit wirkt das Sternbild am Himmel

Sagen und Geschichten zum Sternbild

Die mythologische Figur als Kontur über dem Sternbild

Zum Schauen und Staunen:
Die schönsten Objekte für das bloße Auge und das Fernglas

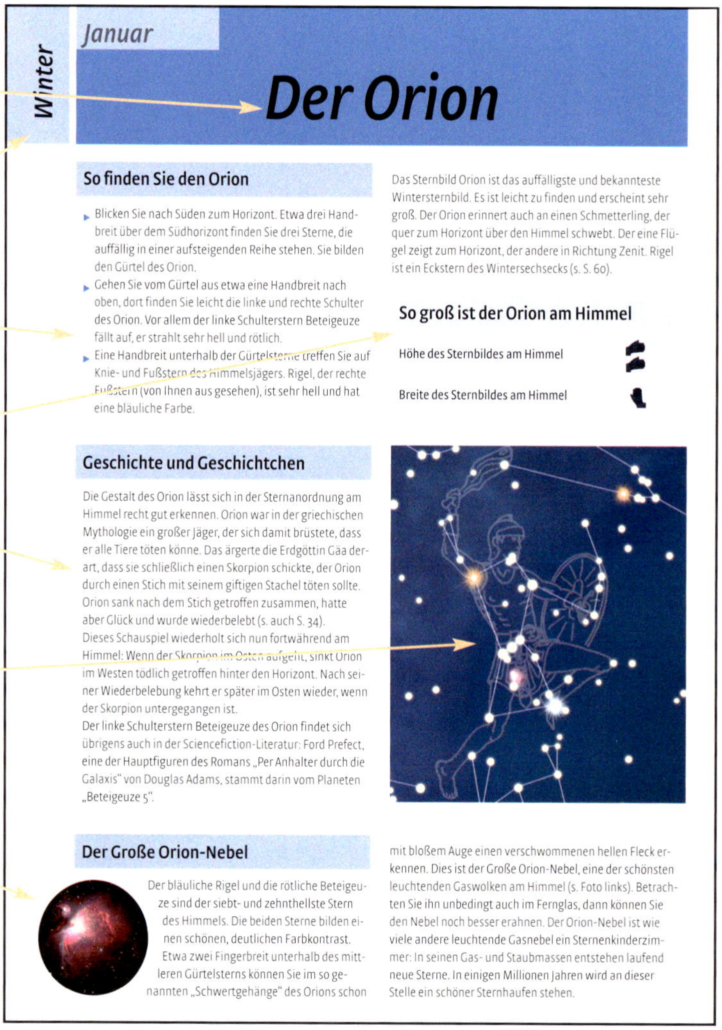
Winter

Januar

Der Orion

So finden Sie den Orion

- Blicken Sie nach Süden zum Horizont. Etwa drei Handbreit über dem Südhorizont finden Sie drei Sterne, die auffällig in einer aufsteigenden Reihe stehen. Sie bilden den Gürtel des Orion.
- Gehen Sie vom Gürtel aus etwa eine Handbreit nach oben, dort finden Sie leicht die linke und rechte Schulter des Orion. Vor allem der linke Schulterstern Beteigeuze fällt auf, er strahlt sehr hell und rötlich.
- Eine Handbreit unterhalb der Gürtelsterne treffen Sie auf Knie- und Fußstern des Himmelsjägers. Rigel, der rechte Fußstern (von Ihnen aus gesehen), ist sehr hell und hat eine bläuliche Farbe.

Das Sternbild Orion ist das auffälligste und bekannteste Wintersternbild. Es ist leicht zu finden und erscheint sehr groß. Der Orion erinnert auch an einen Schmetterling, der quer zum Horizont über den Himmel schwebt. Der eine Flügel zeigt zum Horizont, der andere in Richtung Zenit. Rigel ist ein Eckstern des Wintersechsecks (s. S. 60).

So groß ist der Orion am Himmel

Höhe des Sternbildes am Himmel

Breite des Sternbildes am Himmel

Geschichte und Geschichtchen

Die Gestalt des Orion lässt sich in der Sternanordnung am Himmel recht gut erkennen. Orion war in der griechischen Mythologie ein großer Jäger, der sich damit brüstete, dass er alle Tiere töten könne. Das ärgerte die Erdgöttin Gäa derart, dass sie schließlich einen Skorpion schickte, der Orion durch einen Stich mit seinem giftigen Stachel töten sollte. Orion sank nach dem Stich getroffen zusammen, hatte aber Glück und wurde wiederbelebt (s. auch S. 34).
Dieses Schauspiel wiederholt sich nun fortwährend am Himmel: Wenn der Skorpion im Osten aufgeht, sinkt Orion im Westen tödlich getroffen hinter den Horizont. Nach seiner Wiederbelebung kehrt er später im Osten wieder, wenn der Skorpion untergegangen ist.
Der linke Schulterstern Beteigeuze des Orion findet sich übrigens auch in der Sciencefiction-Literatur: Ford Prefect, eine der Hauptfiguren des Romans „Per Anhalter durch die Galaxis" von Douglas Adams, stammt darin vom Planeten „Beteigeuze 5".

Der Große Orion-Nebel

Der bläuliche Rigel und die rötliche Beteigeuze sind der siebt- und zehnthellste Stern des Himmels. Die beiden Sterne bilden einen schönen, deutlichen Farbkontrast. Etwa zwei Fingerbreit unterhalb des mittleren Gürtelsterns können Sie im so genannten „Schwertgehänge" des Orions schon mit bloßem Auge einen verschwommenen hellen Fleck erkennen. Dies ist der Große Orion-Nebel, eine der schönsten leuchtenden Gaswolken am Himmel (s. Foto links). Betrachten Sie ihn unbedingt auch im Fernglas, dann können Sie den Nebel noch besser erahnen. Der Orion-Nebel ist wie viele andere leuchtende Gasnebel ein Sternenkinderzimmer: In seinen Gas- und Staubmassen entstehen laufend neue Sterne. In einigen Millionen Jahren wird an dieser Stelle ein schöner Sternhaufen stehen.

So benutzen Sie die Sternkarten

Im Sternkartenteil ab Seite 20 wird jeweils auf einer Doppelseite der Weg zu einem der 25 schönsten und auffälligsten Sternbilder beschrieben. Je nach Jahreszeit, in der das Sternbild am besten zu beobachten ist, sitzt sein Name in einem grünen, gelben, orangefarbenen oder blauen Balken. Die Farben stehen für Frühling, Sommer, Herbst und Winter. Sie müssen nicht im Frühling anfangen zu beobachten, sondern können beim Durchblättern gleich erkennen, welche Sternbilder sich für eine Beobachtung zur momentanen Jahreszeit eignen. Sie werden sehen, innerhalb kurzer Zeit wird Ihnen der Anblick des Sternenhimmels vertraut.

Sterne, die auf den Karten in der Nähe des Horizonts stehen, finden Sie auch in der Realität in Horizontnähe. Sterne oben auf den Karten stehen auch hoch am Himmel und zwar in der Nähe des Zenits. Dies ist der Punkt direkt über Ihnen. Sie müssen also den Kopf weit in den Nacken legen, um diesen Himmelsbereich zu beobachten.
Die hellsten Sterne sind auf den Karten farbig eingezeichnet. Sie sind die auffälligsten Punkte am Himmel, die Sie als Erste finden werden. Schauen Sie am Himmel einmal genau hin: Sie können die Farben der Sterne auch dort erkennen. Von diesen Sternen aus können Sie sich gut orientieren. Strecken Sie zum Abschätzen der Größenverhältnisse ganz einfach

Mit den naturgetreuen Sternkarten und den einfachen Anleitungen werden Sie die 25 schönsten Sternbilder schnell kennen lernen. Sie brauchen dazu nur dieses Buch, eine Taschenlampe und Ihre Hand als Maßstab.

Der Sternenhimmel am 15. des angegebenen Monats um 23 Uhr

Der Zenit, der Punkt hoch oben über Ihrem Kopf

Besonders helle Sterne leuchten farbig

Das gesuchte Sternbild ist hervorgehoben

Die schönsten Objekte für das bloße Auge und das Fernglas

Ihr Weg zum Sternbild

Ihr Maßstab am Himmel: die eigene Hand

Die Blickrichtung

Ihre Hand aus (vgl. Foto S. 15). Sie ist maßstäblich dann genauso groß wie die Hand, die auf den Karten abgebildet ist.

Übersichtskarten für jede Jahreszeit

Am Anfang jeder Jahreszeit finden Sie eine doppelseitige Übersichtskarte mit allen wichtigen Sternbildern in dieser Jahreszeit (z. B. S. 18/19). Diese Karten können Sie immer wieder zu Rate ziehen, wenn Sie ein Sternbild in einem größeren Zusammenhang am Himmel sehen möchten. Die beschriebenen Sternbilder sind darauf weiß hervorgehoben. Auf den Übersichtskarten finden Sie auch die hellsten Sterne der Jahreszeit übergreifend zu Figuren zusammengefasst. Die Karten geben den Anblick der Sternbilder wieder, wenn diese im Süden stehen. Im unteren Teil sind die Monate bezeichnet, in denen dies abends gegen 23 Uhr der Fall ist.
Die Tabelle auf der rechten Seite (z. B. S. 19) gibt an, wann und wo Sie die beschriebenen Sternbilder beobachten können. Die auffälligsten Sternbilder mit fünf Sternchen sind am einfachsten zu finden, für diejenigen mit einem oder zwei Sternchen brauchen Sie einen dunklen Himmel und vielleicht ein wenig Geduld. Alle beschriebenen Sternbilder sind aber – einmal gefunden – sehr einprägsam und lassen sich anhand der Anleitungen gut (wieder-)finden.

Wo ist Süden und wo ist Norden?

Auf den Sternkarten ist angegeben, in welche Richtung Sie blicken müssen – Süden oder Norden. Woher aber wissen Sie, wo welche Himmelsrichtung ist? Kein Problem, hier erfahren Sie, wie Sie sich auch ohne Kompass ganz einfach orientieren!

Orientierung vom Großen Wagen aus

Wenn Sie Ihren Beobachtungsort auch bei Tag kennen, können Sie verfolgen, wo mittags die Sonne am höchsten steht oder wo sie abends hinter dem Horizont versinkt. Dann haben Sie schon Süden und Westen gefunden, jeweils gegenüber liegen dann Norden und Osten.

Ist es bereits dunkel, gibt es einen anderen Trick: Suchen Sie am Himmel zunächst den Großen Wagen. Seine Sterne stehen in unseren Breiten das ganze Jahr über in jeder Nacht am Himmel. Der Große Wagen ist sehr auffällig und besteht aus sieben hellen Sternen, von denen vier den Wagenkasten und drei die so genannte Wagendeichsel bilden (vgl. auch S. 22).

In der ersten Jahreshälfte ist der Wagen abends sehr gut zu finden (s. Abb. unten): Von Januar bis März hängt er schräg am Himmel und seine Deichselsterne zeigen Richtung Horizont. Im Januar finden Sie ihn zunächst halbhoch am Himmel, danach steigt er immer weiter auf. Anfang April gegen 23 Uhr steht er am höchsten und hängt kopfüber in der Gegend um den Zenit.

Von Mai bis Juli hängt er wieder schräg am Himmel, dieses Mal aber andersherum geneigt. Nun zeigen die Kastensterne nach unten. Der Wagen sinkt ab jetzt wieder langsam zum Horizont hinab: Anfang Juli gegen 23 Uhr steht er wieder halbhoch am Himmel. In der zweiten Jahreshälfte ist der Große Wagen nicht so auffällig. Im Spätsommer und Herbst krebst er spät abends tief am Himmel herum, er „parkt" sozusagen am Horizont.

Haben Sie den Großen Wagen gefunden, gehen Sie in Gedanken von den beiden hinteren Kastensternen des Wagens aus und verlängern diese Linie etwa fünfmal über den Kasten hinaus, weg von den „Wagenrädern". Dort treffen Sie auf einen mittelhellen Stern. Er steht in einer sternarmen Gegend ziemlich alleine und fällt deswegen leicht auf. Dies ist der Polarstern (s. auch S. 32). Ziehen Sie vom Polarstern eine gerade Linie zum Horizont – dort ist Norden. Der Polarstern ist also ein einfacher Wegweiser für die Nordrichtung!

Stellen Sie sich jetzt so hin, dass Ihr Gesicht zum Polarstern zeigt, dann ist zu Ihrer Rechten Osten, hinter Ihnen Süden und zu Ihrer Linken Westen. Die Südrichtung ist für die Sternbeobachtung am wichtigsten, denn dort stehen die Sterne – wie ja auch die Sonne – am höchsten. Nur wenige Sternbilder stehen niemals im Süden; um sie zu sehen, müssen Sie sich nach Norden wenden. In welche Richtung Sie schauen müssen, ist auf den Sternkarten ab S. 21 jeweils unten angegeben.

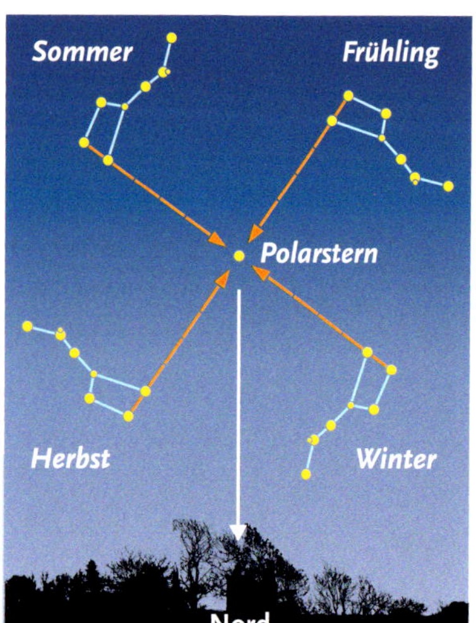

So finden Sie Norden sehr einfach vom Großen Wagen aus.

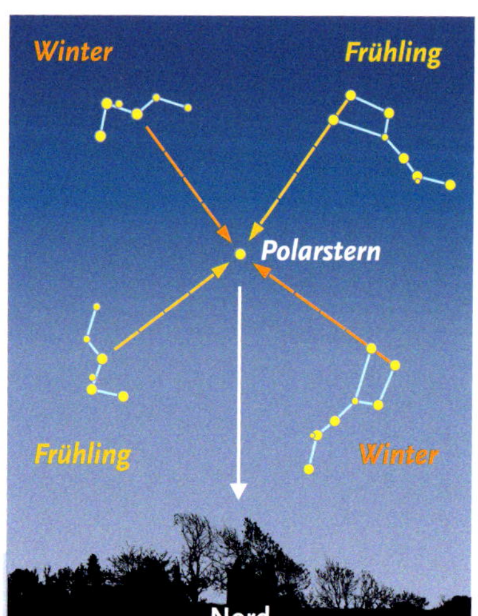

Auch das Himmels-W kann als Wegweiser für die Nordrichtung dienen.

Vom Himmels-W aus

Im Herbst kann es sein, dass Sie den Großen Wagen nicht finden, weil er sich dann nah am Horizont befindet und zum Beispiel Bäume, Häuser oder ein Berg Ihre Sicht behindern können. Wie aber sollen Sie wissen, wo Norden ist, wenn Sie den Großen Wagen als Wegweiser nicht entdecken können?

Dann gibt es eine zweite Möglichkeit, den Polarstern zu finden, und zwar über das Sternbild Kassiopeia, das so genannte Himmels-W (s. auch S. 50). Es steht hoch am Himmel, wenn der Große Wagen am Horizont steht und umgekehrt.

Auch das Himmels-W ist nicht schwer zu finden, es ist sehr prägnant und besteht

So finden Sie Norden

Verlängern Sie die Verbindungslinie der beiden hinteren Kastensterne des Großen Wagens etwa fünfmal über den Kasten hinaus, dann treffen Sie auf den Polarstern. Ziehen Sie nun vom Polarstern eine gerade Linie zum Horizont – dort ist Norden.

aus fünf hellen Sternen. In der zweiten Jahreshälfte steht es spät abends hoch am Himmel, in der Nähe des Zenits (s. rechte Abb. auf S. 12). Allerdings steht das „W" dann auf dem Kopf und sieht eher aus wie ein „M".
Die mittlere Spitze des „M" weist in Richtung des Polarsterns: Lassen Sie Ihren Blick etwa drei Handbreit in diese Richtung wandern, dann treffen Sie auf den Polarstern. Verlängern Sie die Linie noch drei Handbreit über den Polarstern hinaus, so gelangen Sie wieder zu den beiden hinteren Kastensternen des Großen Wagens. Der Große Wagen und das Himmels-W stehen sich am Himmel also gegenüber, mit dem Polarstern in ihrer Mitte. An diesen beiden Sternbildern und dem Polarstern können Sie sich das ganze Jahr über orientieren.

Der Polarstern

Der Polarstern ist nicht nur bestens geeignet, um die Himmelsrichtungen zu finden, sondern er ist auch in anderer Hinsicht ein sehr guter Orientierungspunkt: Als einziger Stern des gesamten Himmels bewegt er sich praktisch nicht vom Fleck. Sie finden ihn das ganze Jahr über zu jeder Uhrzeit an derselben Stelle des Himmels.
Falls Sie häufiger am selben Ort beobachten, können Sie sich diese Stelle am Himmel daher auch über „irdische" Objekte am Horizont merken. Vielleicht steht in dieser Richtung ein Haus oder ein Baum, und Sie müssen von dort aus nur ein Stückchen nach oben am Himmel wandern, um den Polarstern zu finden. Dann wissen Sie immer sofort, wo Norden ist.
Die anderen Sterne hingegen wandern permanent über den Himmel (s. Foto rechts). Beobachten Sie zum Beispiel einmal einen hellen Stern, der in der Nähe eines Hausdaches steht: Schon nach zwei Stunden hat sich der Stern im Vergleich zum Dach deutlich verschoben. Die Sterne kreisen im Laufe eines Tages um den Polarstern herum und spiegeln damit die Drehung der Erde um sich selbst wider.
Der Sternenhimmel verändert sein Gesicht aber nicht nur innerhalb einer Nacht permanent, sondern auch ständig über das Jahr: Weil die Erde im Laufe eines Jahres um die Sonne wandert, finden Sie zu jeder Jahreszeit andere Sterne am Himmel. Daher spricht man von Frühlings-, Sommer-, Herbst- und Wintersternbildern, je nachdem, welche Sterne gerade am Abendhimmel zu sehen sind.

Alle Sterne drehen sich um den Polarstern. Er steht etwa in der Kreismitte und bewegt sich selber praktisch nicht.

Fixpunkt Polarstern

Der Polarstern steht zu jeder Tages- und Jahreszeit an derselben Stelle des Himmels. Merken Sie sich seine Position, und Sie haben jeden Abend sofort einen Orientierungspunkt.

Erfolgreich beobachten

Die Sonne taucht den Himmel in ein glutrotes Licht, bevor sie langsam zum Horizont sinkt. Die Mondsichel hebt sich vor dem stahlblauen Himmel ab und allmählich tauchen auch die ersten Sterne auf. Jetzt juckt es in den Fingern, gleich loszulegen. Sofort – nur noch ganz wenige Tipps vorab.

Der beste Beobachtungsort

Der beste Beobachtungsplatz ist ein dunkler Ort mit freiem Blick bis zum Südhorizont. Am besten suchen Sie ihn schon tagsüber aus und kontrollieren abends, ob er so dunkel ist, dass Sie viele Sterne erkennen können. Ein Beobachtungsplatz kann zum Beispiel auf einer Anhöhe in Ihrer Nähe liegen oder auch Ihr eigener Balkon sein. Sie müssen nicht unbedingt weit fahren, denn die meisten Sterne und Sternbilder, die in diesem Buch beschrieben werden, können Sie auch von einem dunklen Platz in einer Stadt oder einer Ortschaft aus erkennen.
Schwächere Sterne und Sternbilder versinken allerdings leicht in der Lichterflut der Städte und Gemeinden. Um sie zu finden, empfiehlt sich ein Ausflug aufs Land. Sie können die Sternbeobachtung dann zum Beispiel an eine Wanderung an einem sonnigen Tag anschließen. Dann müssen Sie nicht extra aus der Stadt oder Ihrem Ort herausfahren und haben einen krönenden Abschluss für einen schönen Tag.
Den Übersichtstabellen auf den Seiten 19, 31, 47 und 61 können Sie entnehmen, welche Sternbilder sich auch für eine Beobachtung von einem dunklen Stadtplätzchen aus eignen und für welche Sie lieber aufs Land fahren. Alle Sternbilder ab drei Sternchen aufwärts können Sie auch von der Stadt aus finden, die Bilder, die weniger auffällig sind, sollten Sie lieber fernab der Stadt suchen. Vermeiden sollten Sie an Ihrem Beobachtungsplatz in jedem Fall direktes Licht in Ihrer Nähe, denn dieses überstrahlt selbst die hellsten Sterne – sowohl in der Stadt als auch auf dem Land. Dann werden Sie vielleicht gar nichts erkennen und sind enttäuscht, weil es einfach nur zu hell ist.
Übrigens können Sie diesen Sternführer auch im Urlaub verwenden: Fahren Sie in südliche Regionen, so stehen die Sternbilder im Süden etwas höher als auf den Karten dargestellt, und am Horizont werden Sie noch weitere Sterne entdecken. Blicken Sie an den Nordhorizont, sind dafür jedoch schon einige Sternbilder unter dem Horizont versunken, die Sie bei uns noch erkennen können. Wenn Sie nach Norden fahren, verhält es sich genau umgekehrt.

Wo beobachten?

An einem dunklen Platz mit freiem Blick nach Süden bis zum Horizont.

Wann beobachten?

Tag	*1. des Monats*	*15. des Monats*	*30. des Monats*
Uhrzeit	*24*	*23*	*22 Uhr*
(Sommerzeit	*1*	*24*	*23 Uhr)*

Die beste Beobachtungszeit

Im Winter ist es abends ab 18 Uhr bereits dunkel genug, um Sterne zu beobachten, im Sommer müssen Sie jedoch fast bis 23 Uhr warten, bis Sie am Himmel mehr als die allerhellsten Sterne erkennen. Damit Sie sich leicht merken können, für welche Uhrzeit die Aufsuchanleitungen der Sternbilder genau gelten, wurde in diesem Buch für alle Jahreszeiten eine einheitliche Beobachtungszeit gewählt: jeweils um 23 Uhr zur Mitte des angegebenen Monats. Wenn Sie mehr als eine Stunde früher oder später beobachten, hat sich der Sternenhimmel wegen der Erddrehung bereits etwas verschoben und die Sternbilder haben sich gedreht (s. Foto S. 13). Ebenso hat sich der Himmel am Ende des Monats im Vergleich zum Monatsanfang zur gleichen Uhrzeit verschoben, weil die Erde um die Sonne wandert. In der Tabelle oben können Sie nachsehen, zu welchen Tagen und Uhrzeiten Sie die Sternbilder mit den Karten im angegebenen Monat finden. Die Zeiten lassen sich entsprechend in die benachbarten Monate fortsetzen.
Ein Beispiel: Das Wintersternbild Orion ist im Januar am besten zu sehen (s. S. 64). Mit der Karte auf S. 65 finden Sie den Orion exakt in dieser Position am 1. Januar um 24 Uhr, am 15. Januar um 23 Uhr und am 30. Januar um 22 Uhr. Bei den Frühlings-, Sommer- und Herbststernbildern müssen Sie während der Gültigkeit der Sommerzeit zu diesen Zeiten immer eine Stunde hinzuzählen.
Übrigens kann auch der Mond Ihre Beobachtung stören: An den Tagen um Vollmond ist er so hell, dass er viele Sterne überstrahlt. An diesen Tagen lohnt eine Beobachtung daher nicht, es sei denn, Sie beobachten dann den Mond (s. S. 78).

Gegen Hunger, Kälte und Dunkelheit

Auch wenn Sie keinen großen Beobachtungsausflug planen, sollten Sie sich, bevor Sie sich nach draußen zum Sternegucken begeben, ordentlich satt essen. Vor allem im Winter benötigen Sie eine gute Grundlage gegen Kälte und Müdigkeit. Wenn Sie planen, mehr als eine Stunde zu beobachten, packen Sie außerdem etwas Proviant ein: Eine Packung Kekse oder etwas Schokolade bringen Sie abends im Dunklen wieder auf Trab.

Ziehen Sie sich in jedem Fall warm an oder nehmen Sie zumindest warme Kleidung mit, auch wenn Sie „nur mal ganz kurz“ beobachten möchten. Lassen Sie auch im Sommer die dicken Socken nicht zu Hause oder drinnen in der Wohnung und ziehen Sie feste Schuhe an. Nehmen Sie außerdem eine Thermoskanne mit heißem Tee mit. Er weckt Ihre Lebensgeister, wenn Sie müde werden. Bewegen Sie sich ab und zu, damit Ihr Nacken und Ihre Beine vom Stehen und Hochschauen nicht steif werden. Zum bequemeren Beobachten – vor allem des zenitnahen Bereichs – leisten auch ein Liegestuhl oder eine Liegedecke für den Boden hervorragende Dienste.

Unbedingt sollten Sie eine Taschenlampe mitnehmen. Dann können Sie im Buch nachschauen, welche Sterne Sie gerade am Himmel sehen. Wenn Sie zum Beobachten wegfahren, leistet sie auch gute Dienste beim Rückweg im Dunklen zum Auto. Damit Sie nachts von der Taschenlampe nicht geblendet werden, sollten Sie das Frontglas vorher mit rotem Nagellack überpinseln oder ein Stück roten Stoff oder Folie vor das Glas kleben. Rotes Licht blendet das Auge viel weniger (s. Abb. rechts).

Wenn Sie ein Fernglas besitzen, packen Sie es ein! Der Blick durch ein Fernglas in den Sternenhimmel ist vielerorts überwältigend. An vielen Stellen in diesem Sternführer finden Sie Hinweise auf besonders schöne Objekte, die Sie mit dem Fernglas beobachten können. Vielleicht möchten Sie auch ein Notizbüchlein einpacken, um festzuhalten, welche Sternbilder Sie gefunden haben oder um Ihre Eindrücke aufzuschreiben. Dann können Sie immer wieder nachsehen, was Sie wann beobachtet haben. Wenn Sie sich Ihre eigenen Notizen zu den Sternbildern machen, wird Ihnen das auch helfen, sie beim nächsten Mal noch schneller zu finden.

Und zu guter Letzt: Suchen Sie sich Gesellschaft! Gemeinsam beobachten macht mehr Spaß. Fragen Sie doch Ihren Partner oder Ihre Freunde, ob sie Sie begleiten möchten, oder machen Sie einen Familienausflug und zeigen Sie Ihren Kindern den Sternenhimmel. Jetzt brauchen Sie nur noch einen klaren Himmel und los geht's!

Nicht vergessen!

Warme Kleidung und dicke Socken, eine Thermoskanne mit heißem Tee, eine Packung Kekse oder Schokolade, eine Taschenlampe, ein Fernglas, ein Notizbuch, einen Stift und dieses Buch.

Ausgerüstet mit Fernglas, Taschenlampe, Tee und Keksen kann nichts mehr schief gehen.

Sterne & Sternbilder

Am Frühlingshimmel fallen drei helle Sterne ganz besonders auf. Zwei davon stehen halbhoch am Himmel. Der hellste von ihnen ist Arktur im Sternbild Rinderhirte, er leuchtet deutlich rötlich. Fast auf gleicher Höhe, rund vier Handbreit weiter rechts, strahlt der bläulich weiße Regulus, der Hauptstern im Sternbild Löwe. Etwa zwei Handbreit unterhalb von Arktur leuchtet der dritte helle Frühlingsstern: Spika, Hauptstern im Sternbild Jungfrau. Arktur, Regulus und Spika bilden zusammen das Frühlingsdreieck, das zwei gleich lange Seiten hat und dessen Spitze nach rechts zu Regulus weist. An diesen drei hellen Frühlingssternen können Sie sich zu dieser Jahreszeit sehr gut orientieren.
Von den drei Sternbildern ist besonders der Löwe gut zu erkennen, der Rinderhirte und vor allem die Jungfrau sind nicht ganz einfach zu sehen. Die Jungfrau steht recht nah am Horizont, wo ihre schwächeren Sterne durch Licht und Dunst oftmals verschluckt werden. In direkter Nachbarschaft links vom Rinderhirten finden Sie die Nördliche Krone. Drehen Sie sich nach Norden, so finden Sie ganz hoch oben den Großen Wagen, das bekannteste Sternbild überhaupt. Im Frühjahr hängt er kopfüber am Himmel.

Frühling

Sternbild	Wann?	Wo?	Wie auffällig?	Seite
Der Löwe	März	halbhoch	* * * *	20
Der Große Wagen	April	Zenit	* * * * *	22
Die Jungfrau	April	Horizont	* *	24
Der Rinderhirte	Mai	halbhoch	* * *	26
Die Nördliche Krone	Juni	halbhoch	* * * *	28

* weniger auffällig * * * auffällig * * * * * sehr auffällig

Der Löwe

So finden Sie den Löwen

- Schauen Sie nach Süden etwa halbhoch an den Himmel.
- Dort finden Sie leicht einen hellen, bläulich weißen Stern. Dies ist Regulus, der Hauptstern im Sternbild Löwe.
- Links von Regulus finden Sie vier weitere Sterne, die eine spitz zulaufende Figur bilden. Sie liegt etwa parallel zum Horizont und ist gut zwei Handbreit lang. Dies ist der Löwenrumpf mit dem Schwanzstern Denebola.
- Von Regulus aus läuft eine gebogene Kette von Sternen durch einen der vier Rumpfsterne etwa anderthalb Handbreit nach oben: der Löwenkopf; er sieht aus wie eine Sichel oder ein gespiegeltes Fragezeichen.

Sie können Regulus auch finden, indem Sie von den beiden vorderen Kastensternen des Großen Wagens (jenseits des Zenits) ausgehen und diese Strecke etwa sechsmal Richtung Südhorizont verlängern. Um den Großen Wagen zu finden, müssen Sie den Kopf weit in den Nacken legen.
Der Löwe ist ein großes und markantes Frühlingssternbild, das einfach zu finden ist. Von der Fläche einer ausgestreckten Hand kann er nicht abgedeckt werden. Regulus bildet die rechte Ecke des Frühlingsdreiecks (s. S. 18).

So groß ist der Löwe am Himmel

Höhe des Sternbildes am Himmel 

Breite des Sternbildes am Himmel 

Geschichte und Geschichtchen

Ein Löwe lässt sich in dem Sternbild gut erkennen. Regulus heißt übersetzt „der kleine König", er repräsentiert das Herz des Löwen.
Die Griechen sahen in dem Tier den Nemeïschen Löwen, ein Ungeheuer mit einem Fell aus Metall und Stein. Der griechische Held Herkules, ein unehelicher Sohn des Zeus, der mit außergewöhnlichen Kräften versehen war, sollte den Löwen töten und häuten. Schließlich konnte Herkules den Löwen erwürgen, er zog ihm das Fell ab und verwendete es fortan als undurchdringliche Rüstung. Den Löwenkopf setzte er sich als Helm auf und war nun unverwundbar.

Regulus im Löwen

Regulus zählt zu den 25 hellsten Sternen des Himmels. Seine Farbe ist bläulich weiß. Er ist sehr heiß, seine Temperatur liegt bei rund 12 000 Grad, während die Temperatur der Sonne nur bei etwa 6000 Grad liegt. Im Vergleich zur Sonne ist er 3,5-mal größer und 140-mal heller. Stünde er an der Stelle der Sonne, würden wir also ganz schön ins Schwitzen geraten. Regulus hat eine besondere Position am Himmel, er liegt auf der Bahn, auf der Sonne, Mond und die Planeten über den Himmel ziehen (s. S. 88). Dies führt dazu, dass er ab und zu vom Mond bedeckt wird. Eine solche Sternbedeckung ist ein seltenes und spannendes Ereignis, das nur einige Minuten währt. Besonders faszinierend ist die Beobachtung, wenn der Mond nicht voll, sondern sichelförmig ist und die dunkle Seite des Mondes zuerst über den Stern tritt. Dann wird dieser von einem Augenblick auf den nächsten „ausgeknipst".
Regulus ist nicht der einzige helle Stern, der vom Mond bedeckt werden kann. Dies kann zum Beispiel auch ab und zu bei Spika in der Jungfrau (S. 24), Antares im Skorpion (S. 34) und Aldebaran im Stier (S. 62) geschehen. Wann und wo eine solche Bedeckung zu beobachten ist, erfahren Sie in astronomischen Jahrbüchern und Zeitschriften oder können Sie in einer Volkssternwarte erfragen.
Regulus besitzt übrigens noch einen schwachen Begleitstern, den Sie mit einem Fernglas als zweites schwaches Sternchen erkennen können.

Großer Wagen
Zenit
Luchs
agdhunde
Cor Caroli
Kastor
Zwillinge
Pollux
Kleiner Löwe
Krebs
Krippe
Löwe
Denebola
Regulus
Jungfrau
Wasserschlange
Alphard
Becher
Rabe
Süden

Der Große Wagen

So finden Sie den Großen Wagen

- Drehen Sie sich nach Norden.
- Legen Sie nun den Kopf weit in den Nacken und blicken nach oben zum Zenit, dem Punkt genau über Ihrem Kopf.
- Etwa drei Fingerbreit unterhalb des Zenits finden Sie sieben helle Sterne, die ein schräg stehendes Viereck und eine sich daran anschließende, leicht nach oben gebogene Linie bilden.
- Dies ist der Große Wagen: Das Viereck ist der Wagenkasten, die drei in einer gebogenen Linie stehenden Sterne bilden die Wagendeichsel.

Der Große Wagen ist sehr bekannt und einfach zu finden. Er steht das ganze Jahr über in jeder Nacht am Himmel, niemals sinkt er in unseren Breiten unter den Horizont. Im Frühling steht er besonders hoch und hängt dann kopfüber am Himmel. Im Herbst finden Sie ihn „richtig herum" in der Nähe des Nordhorizontes. Der Große Wagen ist ein hervorragender Startpunkt zur Orientierung am Himmel (s. auch S. 12).

So groß ist der Große Wagen

Höhe des Sternbildes am Himmel 

Breite des Sternbildes am Himmel 

Geschichte und Geschichtchen

Ein Wagen mit Deichsel ist in den sieben hellen Sternen sehr einfach zu erkennen. Für die Sternanordnung gibt es in den verschiedenen Ländern aber auch andere Deutungen: Bei den Amerikanern ist sie „the big dipper", eine große Schöpfkelle. Die Wagendeichsel wird hierbei zum Griff und der Wagenkasten zum Schöpflöffel. Die Nordischen Völker sprechen von einem einbeinigen Riesen, das eine Bein ist die Deichsel.

Übrigens: „Offiziell" gibt es das Sternbild „Großer Wagen" gar nicht! Der Wagen ist bei den Astronomen vielmehr nur ein Teil des sehr ausgedehnten und schwierig zu erkennenden Sternbildes „Großer Bär" (s. Sternkarte rechte Seite).

Mizar und Alkor im Großen Wagen

Der Große Wagen ist am Himmel leicht zu finden, fast jeder hat ihn schon einmal gesehen. Betrachten Sie aber einmal den Stern am Knickpunkt der Wagendeichsel etwas genauer: Können Sie erkennen, dass hier nicht nur ein Stern steht, sondern zwei Sterne ganz nah beieinander (s. Abb. links)?

Der zweite Stern ist schwächer als der erste. Er heißt Alkor und wird auch als „Reiterlein" bezeichnet, da er quasi auf dem helleren Deichselstern Mizar reitet. Die beiden Sterne stehen sich so nah, dass zwischen sie nicht einmal eine halbe Erbse passen würde, die Sie in Ihrer ausgestreckten Hand halten. Sie gelten daher auch als „Augenprüfer": Sehen Sie beide Sterne problemlos getrennt, brauchen Sie sich um Ihre Sehschärfe keine Gedanken zu machen. Mizar und Alkor stehen aber am Himmel nur scheinbar so nah beieinander, in Wirklichkeit sind sie unterschiedlich weit entfernt und haben nichts miteinander zu tun.

Ganz in der Nähe des Großen Wagens gibt es noch einen weiteren helleren Stern: Über den Zenit hinaus, etwas mehr als eine Handbreit über dem letzten Glied der Wagendeichsel finden Sie ihn in einem größeren, sonst weitgehend sternleeren Gebiet: Er heißt „Cor Caroli", das Herz Karls. Der Stern gehört nicht mehr zum Großen Wagen oder Großen Bären, sondern schon zum benachbarten Sternbild der Jagdhunde. Zusammen mit einem deutlich schwächeren Stern bildet er das ganze Sternbild.

Kleiner Löwe
Cor Caroli
Jagdhunde
Zenit
(Großer Bär)
Mizar
Alkor
Rinderhirte
Großer Wagen
Luchs
Kleiner Wagen
Drache
Polarstern
Schwan
Kepheus
Perseus
Kassiopeia
Deneb
Algol
Eidechse
Norden

Die Jungfrau

So finden Sie die Jungfrau

- Drehen Sie sich nach Süden und suchen Sie ganz hoch oben jenseits des Zenits, dem Punkt über Ihrem Kopf, den Großen Wagen.
- Folgen Sie nun dem Schwung der Wagendeichsel über den sehr hellen, orangefarbenen Arktur im Rinderhirten noch weiter in Richtung Südhorizont (s. auch S. 26).
- Etwa zwei Handbreit über dem Horizont treffen Sie auf Spika, den hellen, blauweißen Hauptstern in der Jungfrau.
- Der Rest der Jungfrau ist nicht einfach zu erkennen: Sie liegt quer zum Horizont, rechts oberhalb von Spika finden Sie ihren zwei Handbreit ausgedehnten Oberkörper, links oberhalb von Spika ihre ebenso langen Beine.

Der Jungfrau-Hauptstern Spika ist leicht zu finden, der Rest des Sternbildes ist jedoch schwer zu erkennen. Da die Jungfrau immer nah am Horizont steht, verschwinden die weniger hellen Sterne des Sternbildes oft im Dunst und Streulicht. Spika ist der untere Eckpunkt des hellen Frühlingsdreiecks (s. S. 18).

So groß ist die Jungfrau am Himmel

Höhe des Sternbildes am Himmel 

Breite des Sternbildes am Himmel 

Geschichte und Geschichtchen

Selbst ohne Streulicht oder Dunst am Horizont ist die Figur der Jungfrau in der Sternanordnung nicht unbedingt einfach zu erkennen. Meist wird sie mit Flügeln dargestellt. Der lateinische Sternname Spika des hellsten Jungfrausterns heißt übersetzt Kornähre, daher hält die Jungfrau in den Darstellungen eine oder mehrere Kornähren in der Hand.
Schon bei den Babyloniern galt dieses Sternbild als weiblich und wurde gleichzeitig mit den Eigenschaften Reinheit und Fruchtbarkeit assoziiert. Sie verbanden es mit ihrer Göttin Ischtar. Auf sie geht Eostre zurück, die teutonische Göttin des Frühlings und der Fruchtbarkeit, in deren Verehrung das Osterfest seine Wurzeln hat. Jedes Jahr um die Osterzeit erreicht die Jungfrau ihre höchste Position am Himmel.
In der Abbildung rechts wurde die Jungfrau wegen ihrer Größe um 90 Grad gedreht.

Der Coma-Haufen im Haar der Berenike

Spika zählt zu den 25 hellsten Sternen des Himmels. Der Stern hat eine bläuliche Farbe. Wie Regulus im Löwen (S. 20) liegt auch Spika auf der Bahn von Sonne und Mond und kann durch den Mond bedeckt werden. Von Spika aus etwa zwei Handbreit nach rechts oben, mitten im hellen Frühlingsdreieck aus Regulus im Löwen, Arktur im Rinderhirten und Spika in der Jungfrau, stehen unzählige Galaxien zusammen auf engstem Raum. Mit dem Fernglas ist es schwierig, die Galaxien zu entdecken, mit einem Fernrohr lassen sie sich allerdings erspähen.
Etwa eine Handbreit weiter oben können Sie aber bei dunklem Himmel schon mit bloßem Auge einen Sternhaufen glitzern sehen (s. Abb. links). Die Sterne stehen nicht sehr eng beieinander, so dass der Haufen für ein Fernglas fast schon zu groß ist. Der Sternhaufen heißt Coma-Haufen, er gehört zum angrenzenden Sternbild Haar der Berenike.

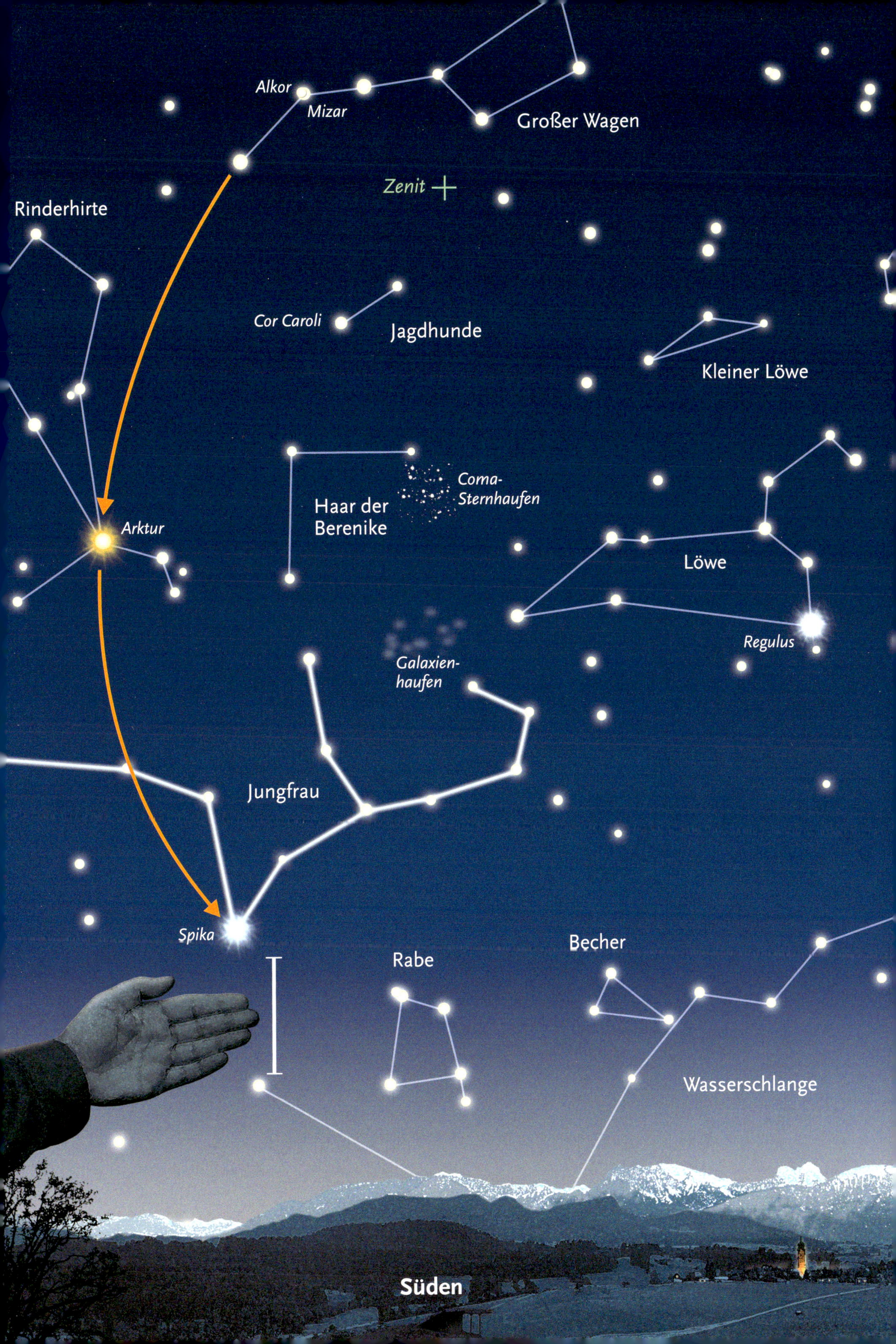

Alkor
Mizar
Großer Wagen
Zenit
Rinderhirte
Cor Caroli
Jagdhunde
Kleiner Löwe
Coma-
Sternhaufen
Haar der
Berenike
Arktur
Löwe
Regulus
Galaxien-
haufen
Jungfrau
Spika
Rabe
Becher
Wasserschlange
Süden

Der Rinderhirte

So finden Sie den Rinderhirten

- Blicken Sie nach Süden und legen Sie den Kopf weit in den Nacken.
- Fast im Zenit finden Sie jetzt den letzten Deichselstern des Großen Wagens (s. S. 22).
- Verlängern Sie nun den Bogen der Wagendeichsel etwa anderthalbmal nach unten Richtung Horizont: Halbhoch am Himmel treffen Sie auf einen sehr hellen, orangefarbenen Stern: Arktur, den Hauptstern im Rinderhirten.
- Stellen Sie sich Arktur als Kragenknopf vor, so ist der Rest des Rinderhirten eine riesige nach oben stehende Krawatte. Sie kann von einer ausgestreckten Handfläche gerade so bedeckt werden.

Sie können sich den Rinderhirten auch als Eistüte vorstellen: Dann ist Arktur die Spitze, die Waffel mit den Eiskugeln erstreckt sich eine Handlänge nach oben. Das Sternbild Rinderhirte hat eine markante Form, seine Sterne sind aber bis auf Arktur nicht sehr hell. Arktur ist der linke Eckpunkt des Frühlingsdreiecks (s. S. 18).

So groß ist der Rinderhirte am Himmel

Höhe des Sternbildes am Himmel 

Breite des Sternbildes am Himmel 

Geschichte und Geschichtchen

Eine menschliche Figur in diesem Sternbild zu sehen, gelingt nur mit viel Fantasie. Der Rinderhirte treibt in der römischen Mythologie sieben Dreschochsen an, dargestellt durch die sieben Sterne des Großen Wagens, denen er bei der täglichen Drehung des Sternenhimmels immer nachfolgt. Der Name Arktur des hellen Hauptsterns im Rinderhirten heißt übersetzt „Bärenhüter“. Dieser Name wird manchmal auch für das ganze Sternbild verwendet. Er weist darauf hin, dass Arktur dem Großen und dem Kleinen Bären (Großen und Kleinen Wagen) am Himmel nachfolgt. In der griechischen Mythologie stellt der Rinderhirte den Weinbauern Ikarios aus Athen dar, der von Dionysos, dem Gott des Weines, in die Kunst des Weinbaus eingeweiht worden war. Als Ikarios an einige Bauern Wein ausschenkte, wurden sie betrunken und glaubten, er wolle sie vergiften. Daraufhin erschlugen sie ihn, und er wurde vom Göttervater Zeus an den Himmel versetzt.

Arktur im Rinderhirten

Arktur ist der vierthellste Stern des ganzen Himmels, er strahlt deutlich rötlich. Achten Sie einmal darauf, und Sie werden ihn immer wieder einfach identifizieren können. Arktur ist ein so genannter roter Riesenstern, 25-mal so groß wie unsere Sonne und mehr als 100-mal so hell wie sie. Aber Arktur hat noch eine besondere Eigenschaft: Er „flitzt“ quasi über den Himmel. In 800 Jahren verändert er seine Position um die Breite einer Erbse, die Sie in der ausgestreckten Hand vor sich halten. Das mag nach wenig klingen, für einen Stern ist es aber viel. Denn die meisten Sterne scheinen über Jahrhunderte an ihrer Position „festgenagelt“ zu sein, daher nennt man sie auch „Fix“sterne. Eine Handbreit rechts oben von Arktur finden Sie auf der Verbindungslinie Arktur – Cor Caroli mit dem Fernglas einen Kugelsternhaufen (vgl. S. 28). Er trägt die Bezeichnung M 3. Im Fernglas erscheint er als heller, nebliger Fleck.

Alkor
Mizar
Großer Wagen
Zenit
erkules
M 13
Rinderhirte
Cor Caroli
Jagdhunde
Nördliche
Krone
Gemma
M3
Haar der
Berenike
Coma-
Sternhaufen
Arktur
Schlange
Jungfrau
hlangenträger
Spika
Rabe
Waage
Skorpion
Antares
M4
Süden

Die Nördliche Krone

So finden Sie die Nördliche Krone

- Schauen Sie nach Süden.
- Etwa halbhoch am Himmel finden Sie den hellen, orangefarbenen Stern Arktur, den Hauptstern im Sternbild Rinderhirte (s. S. 26).
- Blicken Sie nun von Arktur aus etwa zwei Handbreit nach links oben, so treffen Sie auf einen markanten Halbkreis aus sechs Sternen. Dies ist die Nördliche Krone.
- Der Kronen-Hauptstern Gemma ist der unterste Punkt des Halbkreises, der einen Durchmesser von knapp einer Handbreit hat.

Der Rinderhirte ist eine optimale Aufsuchhilfe, von ihm aus finden Sie sofort die kleine, aber markante Nördliche Krone: Sie steht nur drei Fingerbreit neben dem oberen linken Waffelrand der „Rinderhirten-Eistüte“. Da der Rinderhirte und die Nördliche Krone am Himmel so nahe beisammen stehen, zählt auch die Nördliche Krone noch zu den Frühlingssternbildern, obwohl sie erst im Frühsommer (Juni) am höchsten steht.

So groß ist die Nördliche Krone

Höhe des Sternbildes am Himmel 

Breite des Sternbildes am Himmel 

Geschichte und Geschichtchen

Eine Krone ist in dieser Sternanordnung sehr leicht zu erkennen. Der Name des Kronen-Hauptsterns, Gemma, heißt übersetzt Edelstein.

Die Griechen sahen in dem Sternbild die Krone der Ariadne, der Tochter des Königs von Kreta. Dieser ließ regelmäßig sieben Jünglinge und sieben Jungfrauen dem Ungeheuer Minotauros opfern, das in einem Labyrinth sein Unwesen trieb. Schließlich sollte auch Theseus aus Athen geopfert werden, in den Ariadne verliebt war. Theseus gelang es zwar, Minotauros zu töten und aus dem Labyrinth zurückzukehren, Ariadne war aber unterdessen aus Verzweiflung gestorben.

Der Kugelsternhaufen im Herkules

Verlängern Sie die Halbkreishälfte der Nördlichen Krone, die von Gemma aus nach links weist, um etwa eine Handbreit nach oben, so finden Sie zwei mittelhelle Sterne, die zum Sternbild Herkules gehören. In seinem zentralen Bereich besteht der Herkules aus einem etwas schiefen Viereck, das Sie so mit Hilfe der Nördlichen Krone als Wegweiser am Himmel recht leicht finden können. Zwischen den beiden rechten Sternen dieses Vierecks, etwa nach zwei Dritteln der Verbindungslinie von unten nach oben, finden Sie mit dem Fernglas einen diffusen „Stern“: Er sieht aus wie ein heller nebliger Fleck.

Das Geheimnis, das dahinter steckt, ist ein Kugelsternhaufen: Hunderttausende von Sternen stehen hier dicht gedrängt auf einem kugelförmigen Gebiet zusammen, das von uns aus betrachtet so groß ist wie eine halbe Erbse, die Sie in der ausgestreckten Hand halten!

Der Kugelsternhaufen im Herkules ist der schönste bei uns sichtbare seiner Art (s. Abb. links). Gehen Sie einmal in eine Volkssternwarte und betrachten Sie den Sternhaufen auch durch ein Fernrohr: Der Anblick ist überwältigend, Hunderte von Sterne glitzern vor dem Himmelshintergrund wie ein Häufchen Diamanten auf schwarzem Samt.

Der Kugelsternhaufen im Herkules trägt auch die Bezeichnung M 13. Das „M“ steht dabei für Charles Messier, den Begründer des Messier-Kataloges. Dieser Katalog enthält über hundert hellere nebelartige Objekte des Himmels.

Drache
Großer Wagen
Zenit
Epsilon
Wega
Leier
Ringnebel
Herkules
M13
Nördliche
Krone
Gemma
Rinderhirte
M3
Arktur
Schlange
Schlangenträger
child
Schlange
Waage
Schütze
Lagunen-
nebel
Antares
M4
Skorpion
Süden

Auch am Sommerhimmel fallen drei besonders helle Sterne auf. Zwei davon stehen hoch am Himmel. Der hellste Stern ist Wega, der Hauptstern im kleinen Sternbild der Leier. Wega sendet ein sehr helles, ruhiges, bläulich weißes Licht aus. Links oberhalb von Wega strahlt der zweite helle Sommerstern hoch am Himmel: Deneb im Sternbild Schwan. Der dritte im Bunde ist Atair, der Hauptstern im Sternbild Adler. Er steht knapp drei Handbreit unterhalb von Wega und Deneb. Wega, Deneb und Atair bilden zusammen das Sommerdreieck, das zwei gleich lange Seiten hat und dessen Spitze bei Atair zum Horizont zeigt.

Diese drei hellen Sommersterne können Ihnen an jedem sommerlichen Beobachtungsabend gut zur Orientierung dienen.
Folgen Sie der Richtung von Schwan und Adler bis zum Horizont, so treffen Sie auf die schönen Sternbilder Schütze und Skorpion. Da sie bei uns immer nahe am Horizont stehen, sind sie niemals ganz zu sehen und versinken oft im Licht und Dunst. „Im" Sommerdreieck selber liegt das kleine Sternbild Pfeil. Drehen Sie sich um und blicken nach Norden, so sehen Sie halbhoch am Himmel den Großen Wagen, von dem aus Sie leicht den Polarstern und den Kleinen Wagen finden.

Sommer

Sternbild	Wann?	Wo?	Wie auffällig?	Seite
Der Kleine Wagen	Juni	halbhoch	**	32
Der Skorpion	Juni	Horizont	***	34
Die Leier	Juli	Zenit	****	36
Der Schütze	Juli	Horizont	**	38
Der Schwan	August	Zenit	*****	40
Der Adler	August	halbhoch	***	42
Der Pfeil	August	halbhoch	*	44

* weniger auffällig   *** auffällig   ***** sehr auffällig

Der Kleine Wagen

So finden Sie den Kleinen Wagen

- Drehen Sie sich nach Norden.
- Halbhoch am Himmel „hängt“ jetzt der Große Wagen, die Wagendeichsel zeigt nach oben, der Kasten hängt herab.
- Verlängern Sie die Strecke zwischen den beiden hinteren Kastensternen des Großen Wagens etwa fünfmal nach rechts (weg von den „Wagenrädern“). Dort treffen Sie auf einen einzelnen helleren Stern in einer sternarmen Gegend, den Polarstern, Hauptstern im Kleinen Wagen.
- Der Polarstern bildet die Spitze der Wagendeichsel des Kleinen Wagens. Zwei weitere Sterne vervollständigen sie und führen in leichtem Bogen nach oben zum Wagenkasten, der – wie beim Großen Wagen – aus vier Sternen besteht. Deichsel und Wagenkasten sind zurzeit steil nach oben aufgerichtet.

Der Kleine Wagen ist nicht sehr auffällig, den Polarstern werden Sie aber vom Großen Wagen aus immer wieder leicht finden. In seiner Himmelsregion ist er der hellste Stern und daher kaum zu verfehlen.

So groß ist der Kleine Wagen

Höhe des Sternbildes am Himmel 

Breite des Sternbildes am Himmel 

Geschichte und Geschichtchen

Der Kleine Wagen hat fast die gleiche Form wie der Große Wagen, er ist lediglich kleiner, schwächer und gedreht. Auch das Sternbild „Kleiner Wagen“ gibt es in Wirklichkeit nicht, es heißt offiziell „Kleiner Bär“. Im Gegensatz zum Großen Wagen ist der Kleine Wagen mit dem Sternbild Kleiner Bär aber identisch (vgl. S. 22).

In der griechischen Mythologie verkörpert der Große Bär eigentlich eine Bärin, nämlich die Nymphe Kallisto. Weil sie Arkas gebar, einen Sohn des Zeus, verwandelte Hera, die eifersüchtige Gemahlin des Zeus, sie aus Zorn in eine Bärin. Eines Tages traf der Jäger Arkas auf die Bärin und wollte sie töten. Zeus griff ein und versetzte Mutter und Sohn kurzerhand als Großen und Kleinen Bären unter die Sterne.

Der Polarstern im Kleinen Wagen

Der wichtigste Stern im Kleinen Wagen ist der Polarstern. An Helligkeit kann er es mit den Sternen des Großen Wagens aufnehmen – er ist also gut zu finden, obwohl er nicht zu den hellsten Sternen des Himmels zählt.

Der Polarstern ist eigentlich kein besonderer Stern, lediglich seine Lage am Himmel macht ihn zu etwas Besonderem. Als einziger Stern steht er immer an derselben Stelle des Himmels, alle anderen Sterne umkreisen ihn. Daher können Sie sich am Polarstern hervorragend orientieren: Jede Nacht steht er unbeweglich an derselben Stelle halbhoch über dem Nordhorizont. Falls Sie immer vom selben Ort aus beobachten, können Sie sich seine Position auch mit Hilfe eines Hausdaches oder von Bäumen am Horizont merken.

Der Polarstern steht aber am Himmel nur zufällig still. Er steht genau über der Erdachse, um die sich die Erde im Laufe von 24 Stunden dreht und nimmt daher als einziger Stern an der Drehung des Himmels nicht teil.

Diese Besonderheit wird ihm aber nicht immer bleiben: Da die Erdachse im Weltraum über viele Tausende von Jahren schwankt, wird es in ferner Zukunft auch andere Polarsterne geben. Im Jahr 10 000 wird zum Beispiel Deneb im Schwan Polarstern sein, im Jahr 14 000 wird Wega in der Leier in der Nähe des Himmelsnordpols stehen (S. 40/36).

Rinderhirte
Herkules
Leier
Wega
Zenit
Schwan
Drache
Mizar
Alkor
Großer Wagen
(Kleiner Bär)
Kleiner Wagen
Polarstern
Kepheus
Kassiopeia
Eidechse
Perseus
Andromeda
Fuhrmann
Kapella
Norden

Der Skorpion

So finden Sie den Skorpion

- Schauen Sie nach Süden, ein paar Fingerbreit über den Horizont.
- Dort finden Sie einen hellen, rötlich leuchtenden Stern. Dies ist Antares, der Hauptstern im Skorpion. Er liegt mitten im Rumpf des Skorpions.
- Gehen Sie von Antares aus etwa drei Fingerbreit nach rechts oben: Dort breitet sich nach rechts geneigt ein Fächer aus Sternen aus, der den Vorderkörper und den Kopf des Tieres bildet.
- Die Scheren des Skorpions reichen sogar über das eigentliche Sternbild hinaus und befinden sich heute im Sternbild Waage.

Der Skorpion ist eines der schönsten Sternbilder am Himmel und im Frühsommer direkt über dem Südhorizont durch den hellen Antares und den markanten Sternenfächer sehr leicht zu finden. Bei uns ist nur der obere Teil des Sternbildes zu sehen, den langen gebogenen Stachel sehen Sie erst ab einer Breite von Süditalien (s. auch Foto S. 89).

So groß ist der Skorpion am Himmel

Höhe des Sternbildes am Himmel 

Breite des Sternbildes am Himmel 

Geschichte und Geschichtchen

Von unseren Breiten aus ist in der Sternanordnung nicht unbedingt ein Skorpion zu erkennen, von südlichen Breiten aus hingegen sehr gut. Der Name Antares bedeutet so viel wie „Gegenmars“, weil er wegen seiner roten Farbe leicht mit dem Planeten Mars verwechselt werden kann.
In der griechischen Mythologie befahl die Erdgöttin Gäa einem Skorpion, den hochmütigen Himmelsjäger Orion zu töten. Orion wurde gestochen und sank getroffen zusammen, hatte aber Glück und wurde wiederbelebt (s. auch S. 64).
Skorpion und Orion hegen seitdem aber eine deutliche Abneigung gegeneinander: Geht im Osten der Skorpion auf, versinkt Orion im Westen. Er erscheint im Osten erst wieder, wenn der Skorpion im Westen untergegangen ist.

Antares im Skorpion

Antares zählt zu den 25 hellsten Sternen des Himmels. Er ist im Vergleich zu den anderen Sternen des Sternbildes deutlich rot gefärbt (s. Abb. links). Antares ist ein so genannter „Roter Riese“, ein Stern am Ende seines Lebens, das er vermutlich in einer fulminanten Explosion, einer so genannten Supernova-Explosion aushauchen wird. Astronomisch gesehen hat er nicht mehr lange zu leben: Er kann morgen explodieren – oder auch erst in einigen Millionen Jahren. Antares ist riesig groß, an die Stelle der Sonne gesetzt, würde sein voluminöser Körper nicht nur die Erde verschlucken, sondern sogar noch dreimal über die Erdbahn hinausragen.

Aufgrund seiner riesigen Oberfläche ist Antares recht kühl, dies ist auch der Grund für seine rote Farbe. Denn mit den Sternfarben verhält es sich wie mit einer Schweißbrennerflamme: Im heißen Inneren ist die Flamme bläulich weiß und zum kühleren Äußeren hin wird sie gelbrot. Bei den Sternen ist dies genauso: „Kühle“ Sterne (3000–4000 Grad) sind rot, mittelheiße Sterne, wie unsere Sonne zum Beispiel mit rund 6000 Grad, sind gelb und heiße (mehrere zehntausend Grad) sind blau. Die Farben sind also genau andersherum als am Wasserhahn der Badewanne.
Einen Fingerbreit rechts von Antares finden Sie im Fernglas den Kugelsternhaufen M 4. Er wirkt wie ein nebliger Stern.

Drache
Großer Wagen
Zenit
Epsilon
Wega
Herkules
Leier
Ringnebel
M 13
Nördliche Krone
Rinderhirte
M3
Gemma
Arktur
Schlange
Schlangenträger
Schild
Schlange
Waage
Skorpion
Schütze
Lagunen-nebel
Antares
M4
Süden

Die Leier

So finden Sie die Leier

- Schauen Sie nach Süden und legen Sie den Kopf weit in den Nacken.
- Etwa eine Handbreit vom Zenit entfernt, dem Punkt genau über Ihrem Kopf, leuchtet ein sehr heller, bläulich weißer Stern. Dies ist Wega, der Hauptstern in der Leier.
- Links unterhalb von Wega bilden die restlichen, weit weniger hellen Leiersterne ein außergewöhnlich exaktes Parallelogramm, das sich in beide Richtungen nur über zwei bis drei Fingerbreit erstreckt. Es repräsentiert die Leiersaiten. Die strahlende Wega scheint daran rechts oben angeklebt zu sein.

Das Sternbild ist zwar klein, aber sehr markant. Es steht den ganzen Sommer über am späten Abend hoch am Himmel, der Leier-Hauptstern Wega leuchtet dann in der Nähe des Zenits. Er bildet die rechte obere Ecke des Sommerdreiecks (s. S. 30).

So groß ist die Leier am Himmel

Höhe des Sternbildes am Himmel

Breite des Sternbildes am Himmel <

Geschichte und Geschichtchen

Der Name des Hauptsterns Wega ist arabisch und bedeutet „herabstoßender Raubvogel", da die Araber in der Sternanordnung einen Vogel mit angelegten Flügeln sahen. Um in dem Sternbild eine Leier zu erkennen, benötigt man ein bisschen mehr Fantasie. Die Leier wurde von den Griechen an den Himmel gesetzt: Es war die Leier, mit der Orpheus, der Sohn des Apollo, dem Gott der Künste, seine getötete Braut Euridyke in der Unterwelt suchte.
Der Hauptstern der Leier inspirierte auch Sciencefiction-Autoren: So entstand die Fernsehserie „Invasion von der Wega" (Original „The Invaders", USA 1966 – 1968), die Anfang der 1970er Jahre auch im deutschen Fernsehen lief. Darin versuchen „Wegaianer" die Erde zu erobern.

Epsilon Lyrae in der Leier

Wega ist der fünfthellste Stern am Himmel (auf dem Foto links der „dicke" Stern), sie hat eine bläulich weiße Farbe. Von den Sternen, die in unseren Breiten sichtbar sind, wird sie an Helligkeit nur noch von Sirius im Sternbild Großer Hund und von Arktur im Rinderhirten übertroffen. Wega ist daher sehr auffällig und schon in der Dämmerung zu erspähen. Nur ein Fingerbreit links oberhalb von Wega ist ein besonderer Stern zu sehen: Sein Name ist „Epsilon Lyrae", was soviel bedeutet wie „der fünfthellste Stern in der Leier". Im 18. Jahrhundert wurden nämlich die Bezeichnungen der hellsten Sterne eines Sternbilds gemäß der Reihenfolge im griechischen Alphabet gewählt, gefolgt vom Genitiv des lateinischen Sternbildnamens. Betrachten Sie Epsilon Lyrae einmal mit dem Fernglas: Sie werden feststellen, dass Sie plötzlich zwei Sterne sehen. Er ist ein Doppelstern (auf dem Foto links oben von Wega). Es lohnt sich auch, diesen Stern einmal durch das Teleskop einer Volkssternwarte anzuschauen. Dann werden Sie sehen, dass hier in Wirklichkeit vier Sterne umeinander kreisen!
Die Leier bietet noch ein weiteres interessantes Objekt: den Ringnebel. Er ist ziemlich genau auf der Mitte zwischen den beiden unteren Parallelogrammsternen zu finden. Im Fernglas ist er nicht ganz leicht zu identifizieren, denn er erscheint darin fast punktförmig. Im Teleskop einer Volkssternwarte ist er prächtig anzusehen, dort entfaltet er seine ringförmige Struktur.

Drache
Zenit
Deneb
Schwan
Epsilon
Leier
Wega
Ringnebel
Herkules
M 13
Gemma
Nördliche
Krone
Albireo
Füchschen
Hantelnebel
Pfeil
HR
Kleiderbügel
Delfin
Atair
Adler
Schlange
Schlangenträger
M11
Schild
Schlange
Steinbock
Schütze
Lagunen-
nebel
Antares
M4
Skorpion
Süden

Der Schütze

So finden Sie den Schützen

- Schauen Sie nach Süden, knapp über den Horizont.
- Etwa zwei Handbreit links vom hellen, rötlichen Skorpion-Stern Antares finden Sie die nicht sehr auffälligen Sterne des Schützen. Der Schütze hat keinen besonders hellen Hauptstern.
- Die Schütze-Sterne haben insgesamt die Form einer leicht geneigten Teekanne – quasi fertig zum Einschenken. Leicht nach rechts zum Horizont hin geneigt befindet sich der Ausguss, oben der spitz zulaufende Deckel, und links oben ist der Henkel der Kanne zu erkennen. Die Teekanne lässt sich etwa mit einer Handfläche abdecken.

Alternativ können Sie auch das Sternbild Adler (s. auch Seite 42), ausgehend vom hellen Hauptstern Atair, nach unten zum Horizont verfolgen, um auf den Schützen zu treffen. Die Schütze-Sterne können sich im helleren und oftmals dunstigen Horizontbereich nicht sehr gut durchsetzen. Durch seine einprägsame Form ist das Sternbild aber trotzdem recht gut zu erkennen. In südlicheren Breiten steht der Schütze höher am Himmel und ist gut zu sehen. Beobachten Sie ihn daher unbedingt auch einmal im Urlaub!

So groß ist der Schütze am Himmel

Höhe des Sternbildes am Himmel 

Breite des Sternbildes am Himmel 

Geschichte und Geschichtchen

Die Assoziation des Sternbildes mit einer Teekanne stammt von den Amerikanern. Um den mythologischen Schützen zu erkennen, bedarf es mehr Fantasie: Der Ausguss der Teekanne stellt den Bogen dar, der Henkel ist der Schütze selber. Mit seinem Bogen zielt er auf den Skorpion.
Der Schütze galt in der griechischen Mythologie als Zentaur, ein Wesen halb Mensch, halb Pferd. Der griechische Held Herkules half einst dem Sohn des Chiron, dem König der Zentauren. Aus Dankbarkeit versetzte Chiron daraufhin einen Zentauren mit Pfeil und Bogen an den Himmel, der Herkules den Skorpion vom Leib hielt.

Der Lagunennebel im Schützen

Der Schütze liegt inmitten des Sternengewimmels der Milchstraße, von einem dunklen Ort aus können Sie das Milchstraßenband bis zum Horizont erkennen. In dieser Richtung blicken wir genau zum Zentrum unserer Milchstraße, die dort besonders hell ist (vgl. auch S. 86). Spazieren Sie in dieser Region einfach einmal mit Ihrem Fernglas über den Himmel: Sie werden sich vor Sternen kaum retten können.

Im Schützen finden Sie auch jede Menge Sternhaufen und Nebel. Einer der schönsten Nebel ist der Lagunennebel. Sie können ihn bei sehr guten Sichtbedingungen von einem dunklen Standort aus drei Fingerbreit rechts des „Teekannendeckels" schon mit bloßem Auge entdecken. Er gleicht dann einem schwachen nebligen Fleck. Mit dem Fernglas sehen Sie, dass der Nebel eine längliche Form hat und in seinem linken Teil ein Sternhaufen leuchtet. Diese Sterne sind noch jung, sie haben sich gerade erst aus dem Nebel gebildet.
Nebel am Himmel sind keine Nebel, wie man sie zum Beispiel von Flussniederungen kennt, sie bestehen nicht aus Wassertröpfchen. Es handelt sich vielmehr um große Wasserstoffwolken, die von benachbarten, meist jungen Sternen zum eigenen Leuchten angeregt werden. Aber auch wenn die Nebel auf Aufnahmen oft kräftig rot aussehen, sehen Sie sie mit dem bloßen Auge und dem Fernglas eher milchig weiß.

Drache
Zenit
Deneb
Schwan
Epsilon
Leier
Wega
Herkules
M 13
Ringnebel
Gemma
Nördliche Krone
Albireo
Füchschen
Hantelnebel
HR
Pfeil
Kleiderbügel
Delfin
Schlange
Atair
Adler
Schlangenträger
M11
Schild
Schlange
Steinbock
Schütze
Lagunen-nebel
Antares
Skorpion
M4
Süden

Der Schwan

So finden Sie den Schwan

- Schauen Sie nach Süden. Legen Sie den Kopf weit in den Nacken und blicken nach oben zum Zenit, dem Punkt über Ihrem Kopf.
- Dort fällt ein heller, weiß leuchtender Stern auf: Es ist Deneb, der hellste Stern im Schwan. Deneb bildet den Schwanz des Tieres.
- Folgen Sie von Deneb aus der Linie aus Sternen nach schräg rechts unten. Nach knapp zwei Handbreit treffen Sie auf Albireo, den gut erkennbaren Kopfstern des Schwans. Albireo steht mitten im Sommerdreieck.
- Gehen Sie nun zwei Drittel der Strecke wieder zu Deneb zurück, so finden Sie eine sehr lange Kette aus Sternen, die zur ersten Linie einen Querbalken bildet. Der Balken vervollständigt das Schwanenkreuz, er bildet die weiten Schwingen des Tieres.

Das Sternbild Schwan ist sehr auffällig und ausgedehnt. Sie werden es am Himmel leicht immer wieder finden. Bei dunklem Himmel können Sie erkennen, dass der Schwan genau im Band der Milchstraße liegt. Deneb, der Hauptstern, ist der höchste Eckpunkt des Sommerdreiecks (s. S. 30).

So groß ist der Schwan am Himmel

Höhe des Sternbildes am Himmel 

Breite des Sternbildes am Himmel 

Geschichte und Geschichtchen

Wegen seiner auffälligen Kreuzform wird der Schwan auch oft als „Kreuz des Nordens" bezeichnet. Deneb, der Name seines Hauptsterns, kommt aus dem Arabischen und bedeutet „Schwanz". Deneb repräsentiert also den kurzen Stummelschwanz des fliegenden Schwans, während Albireo den Kopf darstellt. Die Schwingen des Schwans sind die Querbalken des Kreuzes.

Bei den Griechen gab es gleich mehrere Sagen um junge Männer, die sich in Schwäne verwandelten. Die bekannteste rankt sich um den Göttervater Zeus selber, der in Gestalt eines Schwans mit Leda, der Gemahlin von König Tyndareos von Sparta zusammenkam. Aus zwei Eiern gebar Leda daraufhin Helena von Troja, um die sich der Trojanische Krieg entfachte, sowie die Zwillinge Kastor und Pollux.

Albireo im Schwan

Deneb zählt zu den 25 hellsten Sternen des Himmels. Der faszinierendste Stern im Sternbild Schwan ist jedoch Albireo, er ist einer der schönsten Doppelsterne am ganzen Himmel. Albireo ist der Kopfstern des Schwans, Sie finden ihn ziemlich genau in der Mitte des auffälligen Sommerdreiecks aus Wega, Deneb und Atair. Mit bloßem Auge können Sie Albireo als einen Stern erkennen – in Wirklichkeit kreisen hier jedoch zwei Sterne umeinander. Nehmen Sie einmal Ihr Fernglas zur Hand und richten es auf Albireo: Jetzt können Sie bei genauem Hinschauen zwei Sterne sehen. Für einen gegenseitigen Umlauf benötigen sie jedoch mehrere tausend Jahre, eine Bewegung der Sterne können Sie daher nicht verfolgen.

Sehr beeindruckend ist es, Albireo einmal durch das Teleskop einer Volkssternwarte zu betrachten. Dann sehen Sie, dass die beiden Sterne eine unterschiedliche Farbe haben. Der eine ist orangefarben, der andere bläulich. Vor allem durch den Kontrast wird der Farbunterschied deutlich. Die Sternfarbe zeigt die Temperatur eines Sterns an seiner Oberfläche an – der blaue Stern ist heißer als der rötliche.

Drache
Zenit
Deneb
Eidechse
Schwan
Epsilon
Wega
Leier
Herkules
Ringnebel
Albireo
Füchschen
Hantelnebel
Pegasus
Pfeil
Kleiderbügel
HR
Delfin
M 15
Enif
Füllen
Atair
Adler
Schlangenträger
Wassermann
Schild
M11
Schlange
Steinbock
Schütze
Südlicher Fisch
Lagunen-
nebel
Süden

Der Adler

So finden Sie den Adler

- Schauen Sie nach Süden, hoch an den Himmel. Dort leuchten die beiden oberen Ecksterne des Sommerdreiecks Wega in der Leier und Deneb im Schwan (s. auch S. 36 und 40).
- Verbinden Sie in Gedanken Wega und Deneb durch eine Linie und teilen Sie diese Strecke im Verhältnis 1:2 durch eine dazu senkrechte Linie, die in Richtung Horizont weist.
- Halbhoch am Himmel treffen Sie dann auf den hellen weißen Stern Atair, den Hauptstern im Adler.
- Von Atair gehen die nach links und rechts geöffneten Adlerschwingen aus, die jeweils etwa eine Handbreit lang sind. Der Adlerkörper erstreckt sich schräg nach rechts unten, etwa zwei Handbreit in Richtung zum südlichen Horizont.

Der Adler ist recht markant und unterhalb des großen, kreuzförmigen Sternbildes Schwan leicht zu finden. Auch der Adler liegt in der Milchstraße, die Sie bei dunklem, klarem Himmel erkennen können. Sein Hauptstern Atair bildet die untere Spitze des hellen Sommerdreiecks (s. S. 30).

So groß ist der Adler am Himmel

Höhe des Sternbildes am Himmel 

Breite des Sternbildes am Himmel 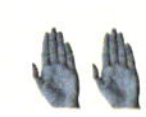

Geschichte und Geschichtchen

Die Figur eines Adlers ist am Himmel recht gut zu erkennen. Das Sternbild hat seinen Ursprung im Zweistromland, wo der Adler bereits im zweiten Jahrtausend v. Chr. auf Reliefs dargestellt wurde. Bei den Griechen erzählt eine Sage, dass Zeus den schönen Jüngling Ganymed mit Hilfe eines Adlers entführen ließ und ihn zu seinem Geliebten machte.
Eine andere Sage berichtet vom Titanen Prometheus, einem Sohn der Erdgöttin Gäa. Er brachte den Menschen die Wissenschaften und das Feuer. Dies erzürnte Zeus derart, dass er Prometheus an einen Felsen schmiedete, wo ein Adler tagsüber an seiner Leber fraß. Prometheus war unsterblich, daher wuchs seine Leber nachts nach. Ein ewiges Leiden war angedacht, das aber durch den Helden Herkules beendet wurde. Er nahm einen Pfeil und erschoss den Adler.

Die Schild-Wolke

Atair, der Hauptstern im Adler, zählt zu den 25 hellsten Sternen am Himmel und leuchtet weiß. Sein Name kommt aus dem Arabischen und bedeutet übersetzt „Adler“. Atair ist also sozusagen Stellvertreter für das gesamte Sternbild. Wandern Sie vom tiefsten Adlerstern aus etwa zwei Fingerbreit weiter in der Richtung des Adlerkörpers nach unten, dann können Sie bei dunklem Himmel eine hellere „Wolke“ beobachten. Dies ist eine besonders helle Region der Milchstraße, die so genannte „Schild-Wolke“ (s. Foto links). Hier befindet sich eine extrem hohe und damit helle Ansammlung von Sternen nahe des zentralen Bereichs unserer Milchstraße. Die Wolke gehört schon zum benachbarten Sternbild Schild, daher hat sie ihren Namen. Beobachten Sie sie einmal mit dem Fernglas – Sie werden dort unzählige Sterne sehen.
Am oberen Rand der Schild-Wolke, direkt unterhalb der Adler-Schwanzsterne, können Sie den so genannten Wildentenhaufen beobachten. Der Sternhaufen trägt die offizielle Bezeichnung M 11 und zeigt sich im Fernglas als heller, leicht dreiecksförmiger Nebel.

Drache
Zenit
Eidechse
Deneb
Epsilon
Wega
Schwan
Herkules
Leier
Ringnebel
Albireo
Füchschen
Hantelnebel
Pegasus
Kleiderbügel
HR
Pfeil
Delfin
M 15
Enif
Atair
Füllen
Adler
Schlangenträger
Wassermann
Schild
M11
Schlange
Steinbock
Schütze
Südlicher Fisch
Lagunen-
nebel
Süden

Der Pfeil

So finden Sie den Pfeil

- Schauen Sie nach Süden, hoch an den Himmel. Dort finden Sie leicht das auffällige Sommerdreieck, bestehend aus den hellsten Sternen des Sommerhimmels: Deneb im Schwan, Wega in der Leier und Atair im Adler (s. auch S. 36, 40, 42).
- Stellen Sie sich nun das Sommerdreieck als geöffnete Papiertüte vor mit der unteren Spitze bei Atair. Der Pfeil ist sozusagen in diese Tüte hineingefallen und hat sich im unteren Drittel (etwa drei Handbreit vom Zenit entfernt) quer verhakt.
- Die Pfeilspitze, bestehend aus zwei helleren Sternen, zeigt leicht angehoben nach links. Ein senkrecht dazu angeordnetes Sternenpaar markiert das Ende des Pfeils mit den Pfeilfedern. Der Pfeil hat nicht einmal die Länge eines Daumens.

Der Pfeil fällt nicht sofort ins Auge, seine Sterne sind nicht sehr hell und er ist sehr klein. Haben Sie ihn aber einmal erkannt, finden Sie ihn leicht wieder.

So groß ist der Pfeil am Himmel

Höhe des Sternbildes am Himmel < 

Breite des Sternbildes am Himmel < 

Geschichte und Geschichtchen

Der Pfeil ist zwar schwach, aber markant. Die Völker des Altertums waren sich alle einig: Dieses Sternbild war bei den Griechen, Römern, Hebräern und Persern nur als Pfeil bekannt. Über die Flugrichtung gab es allerdings unterschiedliche Ansichten, je nach mythologischer Bedeutung. Der Pfeil steht bei den Griechen mit dem Helden Herkules in Verbindung, dessen unauffälliges Ebenbild sich auch am Himmel in der Nähe befindet. Oben rechts ragen noch Teile des Sternbildes Herkules in die Karte auf der rechten Seite, besser ist der Zusammenhang auf S. 30/31 zu erkennen. Gemäß der Legende erschoss Herkules mit diesem Pfeil den Adler des Zeus, der dem Titanen Prometheus die Leber aushackte (s. S. 42).

Der Kleiderbügel im Füchschen

Vom Pfeil aus können Sie sehr leicht eine hübsche Sternanordnung finden, die eine sehr einprägsame Form hat – sie sieht aus wie ein Kleiderbügel! Offiziell gehört sie schon zum angrenzenden, unscheinbaren Sternbild Füchschen. Um den Kleiderbügel zu erkennen, benötigen Sie ein Fernglas. Die Sterne eignen sich sehr gut als Fernglas-Übungsobjekt, denn sie sind einfach zu finden. Am bequemsten beobachten Sie Objekte hoch oder halbhoch am Himmel übrigens von einem Liegestuhl aus, bei dem Sie optimalerweise auch noch die Arme aufstützen können. Damit können Sie das Zittern Ihrer Arme und des Fernglases weitgehend vermeiden.

Der Kleiderbügel besteht aus einer Kette von sechs in einer Linie angeordneten Sternen parallel zum Horizont. In der Mitte der Kette bilden vier weitere Sterne einen Bogen, den Haken des Bügels. Der Kleiderbügel steht am Himmel auf dem Kopf (s. Foto links).

Der Bügel „hängt" sozusagen an einer imaginären Leine zwischen Wega in der Leier und Atair im Adler. Von Atair aus befindet er sich etwa ein Drittel des Weges Richtung Wega. Der Pfeil weist Ihnen ganz einfach den Weg, er steht nämlich genau senkrecht auf dieser Wäscheleine, etwa an derselben Stelle. Allerdings weist die Pfeilspitze vom Kleiderbügel weg – ein kleiner Schönheitsfehler am Himmel.

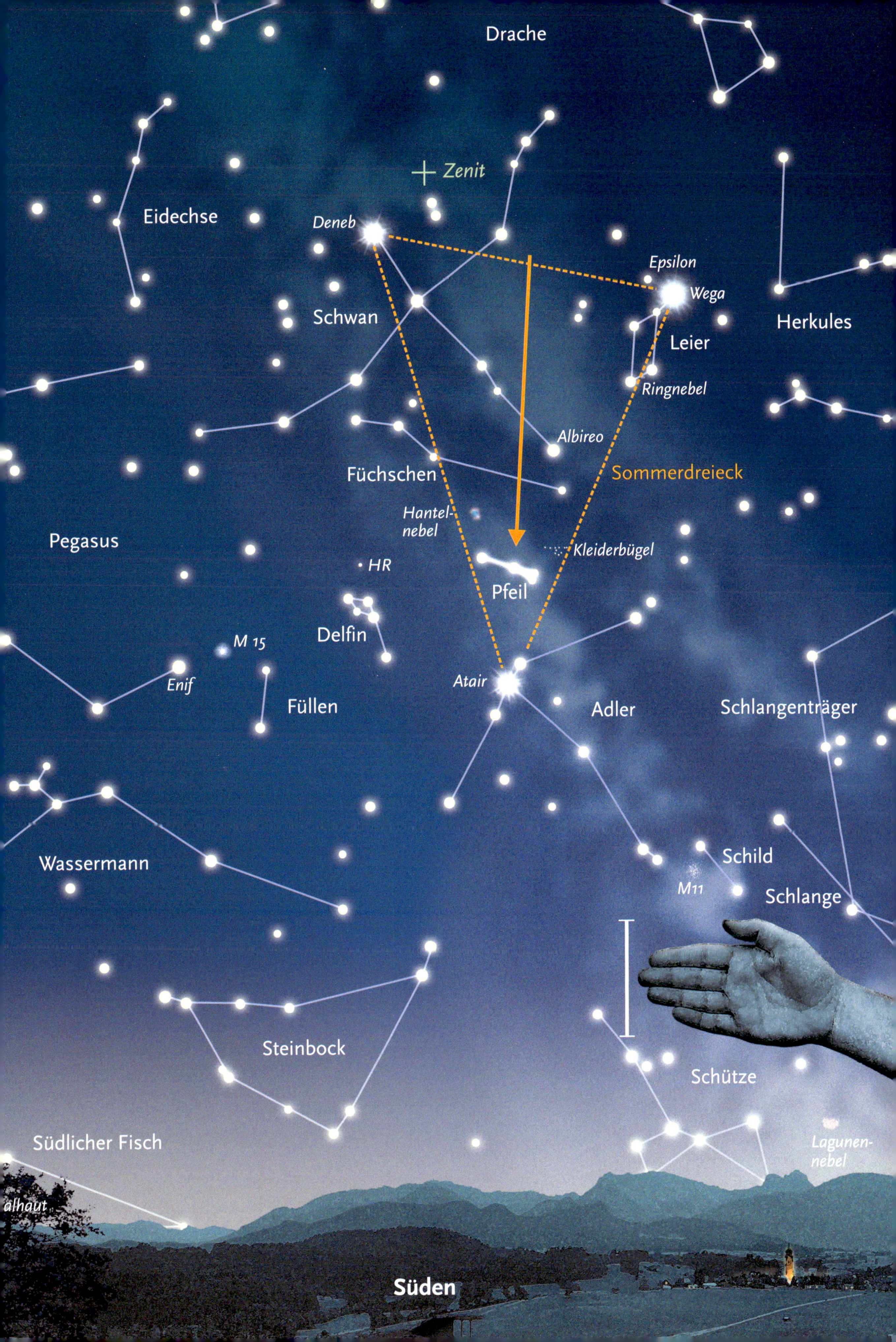
Drache
Zenit
Eidechse
Deneb
Epsilon
Wega
Schwan
Herkules
Leier
Ringnebel
Albireo
Füchschen
Sommerdreieck
Hantel-
nebel
Pegasus
Kleiderbügel
HR
Pfeil
Delfin
M 15
Atair
Enif
Füllen
Adler
Schlangenträger
Wassermann
Schild
M11
Schlange
Steinbock
Schütze
Südlicher Fisch
Lagunen-
nebel
alhaut
Süden

Am Herbsthimmel fallen am meisten die vier quadratisch angeordneten Sterne im Sternbild Pegasus auf. Man nennt die Formation das Pegasus-Quadrat oder auch einfach das Herbstviereck. Das Herbstviereck erinnert zusammen mit dem links angrenzenden Sternbild Andromeda an den bekannten Großen Wagen. Die gesamte Sternanordnung wird deswegen auch manchmal der „Riesenwagen" genannt. Und das ist in der Tat richtig: Während der Kasten des Großen Wagens nur eine Handbreit lang und hoch ist, misst das Herbstviereck in Höhe und Breite fast zwei Handbreit. Auch die „Deichsel" ist viel länger. Bedenken Sie beim Aufsuchen, dass das Herbstviereck wahrscheinlich größer ist, als Sie meinen, und nehmen Sie Ihre Hände als Maßstab zu Hilfe. Haben Sie es gefunden, ist es eine gute Orientierungsmöglichkeit für den Herbsthimmel. Die meisten der vorgestellten Herbststernbilder stehen um das Sternbild Andromeda herum hoch am Himmel. Der Perseus befindet sich fast im Zenit, unterhalb von Andromeda steht der Widder. Der kleine Delfin, rechts neben dem großen Pegasus, ist fast noch ein Sommersternbild. Drehen Sie sich nach Norden, so finden Sie ganz in Zenitnähe die Kassiopeia, das Himmels-W.

Herbst

Sternbild	Wann?	Wo?	Wie auffällig?	Seite
Der Delfin	August	halbhoch	**	48
Die Kassiopeia	Oktober	Zenit	*****	50
Der Pegasus	Oktober	halbhoch	****	52
Die Andromeda	November	Zenit	****	54
Der Perseus	November	Zenit	***	56
Der Widder	November	halbhoch	*	58

** weniger auffällig   *** auffällig   ***** sehr auffällig*

Der Delfin

So finden Sie den Delfin

- Schauen Sie nach Süden, hoch an den Himmel. Dort finden Sie leicht das auffällige Sommerdreieck, bestehend aus den hellsten Sternen des Sommerhimmels: Deneb im Schwan, Wega in der Leier und Atair im Adler.
- Ergänzen Sie nun das Sommerdreieck an der unteren Spitze bei Atair in Gedanken nach links zu einem Parallelogramm, so treffen Sie auf den Delfin, der halbhoch am Himmel steht.
- Der Delfinkörper wird durch eine Sternraute aus vier Sternen dargestellt, die lediglich einen Finger breit ist. Sein Schwanz wird durch einen Stern in Richtung Horizont markiert.

Wie die echten Delfine gerne ein Schiff über längere Zeit begleiten, so schwimmt der Delfin am Himmel quasi neben dem Sommerdreieck her. Der Delfin ist klein und ohne helle Sterne, aber von einer sehr einprägsamen Form. Leicht werden Sie ihn immer wieder finden. Er steht am Himmel genau zwischen den Sommer- und Herbststernbildern.

So groß ist der Delfin am Himmel

Höhe des Sternbildes am Himmel < 

Breite des Sternbildes am Himmel < 

Geschichte und Geschichtchen

Die Figur eines Delfins kann man sich bei diesem Sternbild gut vorstellen. Bei den Griechen war der Delfin ein heiliger Fisch, bei den Indern galt er als Glücks„stern".
Der Hauptstern des Sternbildes heißt „Sualocin", der zweithellste Stern trägt den Namen „Rotanev". Zwei merkwürdige Namen, die weder arabischen noch griechischen oder lateinischen Ursprungs sind. Liest man beide Sternnamen von hinten nach vorne, so ergibt sich daraus „Nicolaus Venator". Dies ist die latinisierte Version des Namens „Niccolo Cacciatore", eines Assistenten am Observatorium von Palermo, und die Geschichte eines Astronomen, der sich am Himmel verewigt hat.

Der Hantelnebel im Füchschen

In der Nähe des Delfins und auch des Pfeils (S. 44) können Sie mit einem Fernglas den Hantelnebel beobachten (s. Foto links). Er ist wie der Ringnebel in der Leier (S. 36) ein so genannter Planetarischer Nebel und wurde von einem alten Stern am Ende seines Lebens ausgestoßen. Sie finden ihn etwa auf der Mitte der Verbindungslinie von Albireo im Schwan und dem obersten Eckpunkt der Delfinraute. Der Hantelnebel gehört schon zum Sternbild Füchschen und ist nicht ganz leicht zu finden. Haben Sie ihn erwischt, so schauen Sie einmal ganz genau hin: Vielleicht können Sie die Hantelform des Nebels erahnen.

Im Sternbild Delfin gab es im Jahr 1967 übrigens eine Sensation zu beobachten: Eine „Nova" leuchtete auf, ein scheinbar neuer Stern stand plötzlich am Himmel. Der Stern leuchtete genauso hell wie die anderen Sterne des Sternbilds, obwohl an dieser Stelle vorher nichts zu sehen gewesen war.
Heute weiß man, dass Novae keine „neuen" Sterne sind, sondern Sterne, die einen plötzlichen Helligkeitsausbruch zeigen, der mit der Zeit wieder abflaut. Sie waren auch vorher schon da, bloß viel dunkler und manchmal gar nicht zu sehen. Die Helligkeit dieses neuen Sterns mit dem Namen „HR Delphini" (s. Sternkarte auf der rechten Seite) sinkt nur relativ langsam wieder ab. Trotzdem ist er mit dem Fernglas inzwischen nicht mehr zu erkennen, sondern nur mit einem kleinen Teleskop.

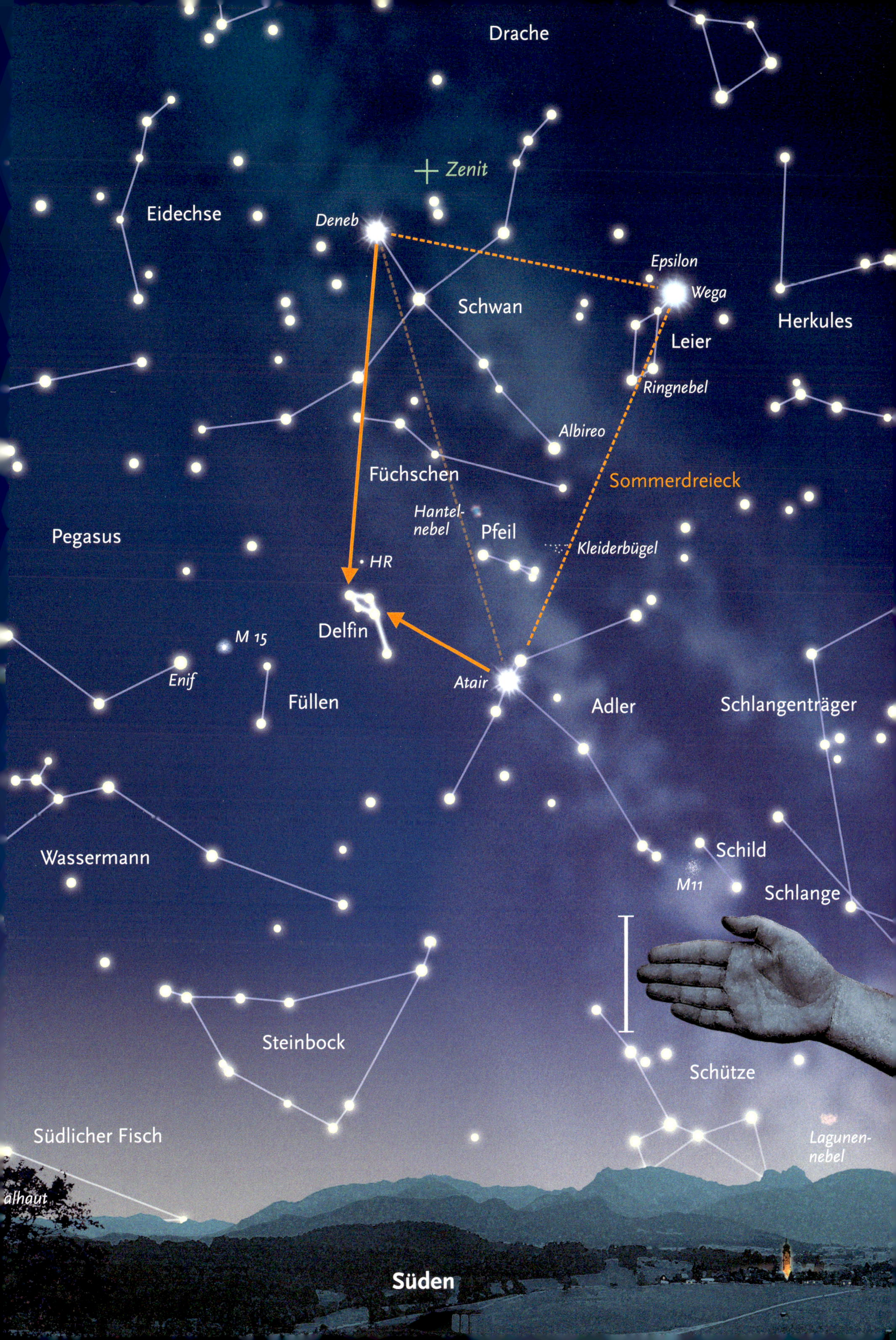

Drache
Zenit
Eidechse
Deneb
Epsilon
Wega
Schwan
Herkules
Leier
Ringnebel
Albireo
Füchschen
Sommerdreieck
Hantel-
nebel
Pfeil
Pegasus
Kleiderbügel
HR
Delfin
M 15
Enif
Atair
Füllen
Adler
Schlangenträger
Wassermann
Schild
M11
Schlange
Steinbock
Schütze
Südlicher Fisch
Lagunen-
nebel
alhaut
Süden

Die Kassiopeia

So finden Sie die Kassiopeia

- Drehen Sie sich nach Norden, legen Sie den Kopf in den Nacken und blicken Sie weit nach oben.
- Nur knapp eine Handbreit vom Zenit, dem Punkt über Ihrem Kopf entfernt, finden Sie das leicht erkennbare Sternbild Kassiopeia. Es besteht aus fünf hellen Sternen und sieht aus, als hätte jemand ein riesiges „M“ an den Himmel gepinselt.
- Die mittlere Spitze des „M“ zeigt auf den Polarstern, der sich drei Handbreit unterhalb von ihr in Richtung Nordhorizont befindet.

Das Sternbild Kassiopeia ist einprägsam und wie der Große Wagen das ganze Jahr über am Himmel zu finden. Im Frühjahr steht es knapp über dem Horizont und sieht aus wie ein „W“. Man nennt es daher auch das „Himmels-W“ (S. 12).

So groß ist die Kassiopeia am Himmel

Höhe des Sternbildes am Himmel 

Breite des Sternbildes am Himmel 

Geschichte und Geschichtchen

In der griechischen Mythologie war Kassiopeia die Gemahlin des Königs Kepheus von Äthiopien. Kassiopeia war sehr schön, aber auch hochmütig. Als sie schließlich behauptete, schöner zu sein als die Nereiden, die Töchter des greisen Meeresgottes Nereus, erzürnte sie damit Poseidon, den obersten Gott der Meere. Poseidon löste im Zorn eine Flutwelle aus, mit der er das Meeresungeheuer Ketos weckte. Um Ketos zu besänftigen, sollte das Königspaar Kepheus und Kassiopeia dem Ungeheuer ihre liebliche Tochter Andromeda opfern. Da jedoch trat der Held Perseus auf den Plan, besiegte Ketos und nahm Andromeda zur Frau.
Als Strafe für ihren Hochmut wurde Kassiopeia von Poseidon an den Himmel versetzt und zwar so, dass sie immerfort den Polarstern umkreist und einen Großteil des Jahres kopfüber hängt.

Der Doppelsternhaufen im Perseus

Auf halbem Wege zwischen Kassiopeia und Perseus steht ein interessantes Objekt, genauer gesagt sind es zwei: Zwei Sternhaufen stehen hier nahe beieinander. Sie finden sie etwa drei Fingerbreit vom letzten M-Abstrich der Kassiopeia entfernt in Richtung Perseus.

Die Sternhaufen gehören beide offiziell schon zum benachbarten Sternbild Perseus (s. auch S. 56). Sie tragen die Namen „h und chi (χ) Persei“, kurz h und chi. Alternativ werden sie auch der Doppelsternhaufen im Sternbild Perseus genannt (s. Foto links).

Bei dunklem Himmel können Sie die beiden benachbarten Sternhaufen mit dem bloßen Auge als einen länglichen, nebligen Fleck erkennen. Betrachten Sie sie unbedingt auch durch ein Fernglas: Darin bieten sie einen spektakulären Anblick und entfalten mit einer Fülle von Sternen ihre ganze Pracht.
Die beiden Sternhaufen sind mit einigen Millionen Jahren recht jung. Sie stehen übrigens am Himmel tatsächlich nah beisammen: Beide sind etwa gleich weit von uns entfernt. Sie erscheinen am Himmel beide etwa so groß wie der Vollmond – auch wenn man das kaum glauben mag. Dies liegt daran, dass wir die Größe des Mondes immer überschätzen. Er hat am Himmel nur die Größe des kleinen Fingernagels an Ihrer ausgestreckten Hand.

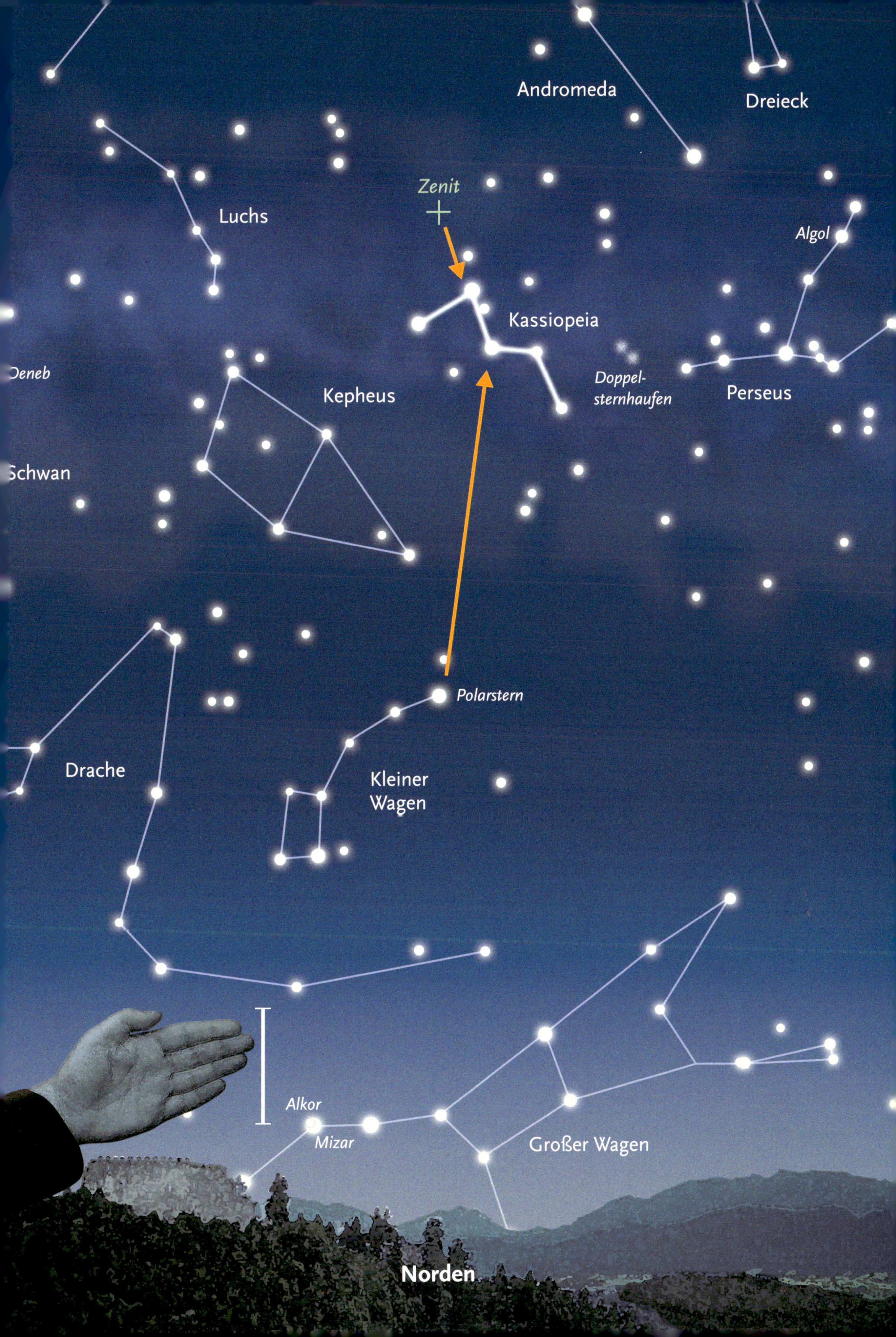
Andromeda
Dreieck
Zenit
Luchs
Algol
Kassiopeia
Deneb
Doppel-
sternhaufen
Perseus
Kepheus
Schwan
Polarstern
Drache
Kleiner
Wagen
Alkor
Mizar
Großer Wagen
Norden

Der Pegasus

So finden Sie den Pegasus

- Schauen Sie nach Süden, halbhoch an den Himmel.
- Etwa zwei Handbreit vom Zenit, dem Punkt über Ihrem Kopf entfernt, finden Sie ein riesiges Sternenquadrat. Es ist rund anderthalb Handbreit hoch und breit. Dies ist das große Pegasus-Quadrat, der Vorderkörper des auf dem Kopf hängenden geflügelten Pferdes (s. Abb. unten).
- Von der rechten unteren Quadratecke ausgehend formen vier Sterne einen Knick nach unten. Dies ist der Kopf des Pferdes, der etwa zwei Handbreit entfernt mit dem recht hellen „Nüsternstern" Enif endet.
- Vom rechten oberen Quadrateckpunkt aus bildet eine schräg nach rechts oben ragende Sternenkette die Vorderbeine des Tieres.

Sie können den Pegasus auch finden, indem Sie den Kopf so weit zurücklegen, bis Sie das Sternbild Kassiopeia (diesmal als „W" orientiert) entdecken. Verlängern Sie die Linie zwischen den beiden Sternen des zweiten „W-Abstrichs" etwa fünfmal über den Zenit hinaus, so landen Sie mitten im Pegasus. Das Pegasus-Quadrat bezeichnet man auch als Herbstviereck (s. S. 46).

So groß ist der Pegasus am Himmel

Höhe des Sternbildes am Himmel 

Breite des Sternbildes am Himmel 

Geschichte und Geschichtchen

Das Sternbild Pegasus können Sie sich einfach merken als „quadratisch, praktisch, gut". Sein Hauptteil hat eine quadratische Form, er ist wegen seiner Größe praktisch kaum zu verfehlen und gut wiederzufinden. Selbst das mythologische geflügelte Ross lässt sich in der Sternanordnung recht gut erkennen.

In der griechischen Mythologie wurde Pegasus gezeugt, als der Meeresgott Poseidon – als Pferd verkleidet – die Gorgone Medusa verführte. Als der Held Perseus schließlich die Medusa tötete, entsprang Pegasus als Pferd mit Flügeln ihrem Körper. Flugs setzte sich Perseus auf das schnelle Ross und konnte dadurch gerade noch rechtzeitig eintreffen, um die hilflose Andromeda, die unschuldige Tochter der hochmütigen Kassiopeia, vor dem Meeresungeheuer Ketos zu retten (s. auch S. 50).

Der Kugelsternhaufen im Pegasus

Verlängern Sie die Strecke vom Knickpunkt des Pferdekopfes zu Enif (im Sternbild rechts unten) um zwei Fingerbreit nach oben, so können Sie mit dem Fernglas recht einfach einen diffusen, leicht ovalen Fleck inmitten eines sternarmen Gebietes erkennen (s. Karte S. 49). Es handelt sich um einen prachtvollen Kugelsternhaufen mit der Bezeichnung M 15 (s. Foto links). Wie bei M 13 nahe der Nördlichen Krone (S. 28) stehen hier Hunderttausende von Sternen eng beisammen.

Der Pegasus ist auch Wegweiser für einen Punkt am Himmel, der sehr bedeutsam ist für uns Menschen: der Frühlingspunkt im Sternbild Fische. Wenn die Sonne diesen Punkt auf ihrer jährlichen Bahn passiert, beginnt auf der Nordhalbkugel der Erde der Frühling (ca. 21. März). Sie finden den Frühlingspunkt, indem Sie die linke Seite des Pegasus-Quadrats einmal nach unten, Richtung Südhorizont, verlängern. Zu sehen ist dort allerdings nichts, der Punkt ist nur für unsere Zeitrechnung bedeutsam.

Kassiopeia
Perseus
Zenit
Eidechse
Algol
M34
Andromeda-Galaxie
Dreieck
Andromeda
Widder
Sirrah
Hamal
Pegasus
Enif
Fische
Frühlingspunkt
Mira
Walfisch
Wassermann
Südlicher Fisch
Fomalhaut
Süden

Die Andromeda

So finden Sie die Andromeda

- Schauen Sie nach Süden und blicken Sie etwa halbhoch an den Himmel. Wenden Sie sich jetzt ein kleines Stück weiter nach rechts (Richtung Westen), dann finden Sie das große Sternenquadrat des Pegasus.
- Vom linken oberen Eckpunkt des Pegasus-Quadrats ausgehend verläuft eine leicht gebogene Sternenkette rund drei Handbreit nach links oben. Dies ist das Sternbild Andromeda. Sirrah, der obere Pegasus-Quadrateckpunkt, zählt bereits zur Andromeda und ist ihr Hauptstern.
- Die Andromeda-Sternenkette endet etwa eine Handbreit vom Zenit entfernt. Sie weist in Richtung des Sternbildes Perseus.

Vom Pegasus aus ist die Andromeda einfach zu finden und gut zu erkennen. Im Herbst steht sie hoch am Himmel.

So groß ist die Andromeda am Himmel

Höhe des Sternbildes am Himmel 

Breite des Sternbildes am Himmel 

Geschichte und Geschichtchen

Eine Mädchenfigur ist in der Sternanordnung der Andromeda nicht gut zu erkennen. Bei den Griechen war Andromeda die Tochter der Königin Kassiopeia und des Königs Kepheus von Äthiopien. Um den Hochmut ihrer Mutter zu büßen, sollte sie dem Meeresungeheuer Ketos geopfert werden. Dazu wurde sie an der Küste Palästinas an einen Felsen gekettet, wo sie dem Ungeheuer hilflos ausgeliefert war. Das Unheil konnte jedoch abgewendet werden durch den Helden Perseus, einen Sohn des Zeus. Er kam auf dem geflügelten Pferd Pegasus herbeigeritten, nachdem er der Gorgone Medusa das Haupt abgeschlagen hatte. Perseus besiegte Ketos und nahm Andromeda zur Frau. Der Zusammenhang zwischen den Figuren wurde von den Griechen am Himmel verewigt: Das Sternbild Andromeda wird flankiert von Perseus (S. 56) und Pegasus (S. 52), nicht weit entfernt ist auch ihre Mutter Kassiopeia zu finden (S. 50).

Die Andromeda-Galaxie

Lassen Sie den Blick vom zweiten Stern der Andromeda-Kette knapp eine Handbreit entlang zweier weiterer Sterne nach oben wandern, so können Sie bei guten Sichtbedingungen bereits mit bloßem Auge einen nebligen Fleck erkennen. Dies ist die große Andromeda-Galaxie (s. Foto links). Sie ist das entfernteste Objekt am ganzen Himmel, das Sie noch mit bloßem Auge erkennen können: Das Licht der Andromeda-Galaxie war 2,7 Millionen Jahre unterwegs, bevor es Ihr Auge erreichte!

Während alle anderen Objekte am Himmel, die Sie mit bloßem Auge sehen können, zu unserer Heimatgalaxie, der Milchstraße, gehören, zählt die Andromeda-Galaxie nicht mehr dazu. Sie ist eine Schwester der Milchstraße, eine eigenständige Galaxie. Genau wie die Milchstraße besteht sie aus einem hellen Zentralbereich und Spiralarmen aus Sternen, Gas und Staub, die sich um das Zentrum winden (vgl. Abb. S. 87). Mit bloßem Auge und auch mit dem Fernglas sehen Sie einen Teil des hellen Zentrums, die Spiralarme lassen sich nicht erkennen.

Sie können den Galaxienfleck besser erkennen, wenn Sie leicht an ihm vorbeischauen. Diese Sehtechnik ist geeignet für schwache Objekte und heißt „indirektes Sehen“.

Doppel-
sternhaufen
Kassiopeia
Kapella
Zenit
Fuhrmann
Perseus
Algol
M34
Andromeda-
Galaxie
Andromeda
Sirrah
Dreieck
Plejaden
Hamal
Widder
Pegasus
Stier
Hyaden
Aldebaran
Fische
Frühlingspunkt
Mira
Walfisch
Eridanus
Süden

Der Perseus

So finden Sie den Perseus

- Schauen Sie nach Süden, hoch an den Himmel. Dort finden Sie die Sternenkette des Sternbilds Andromeda (S. 54).
- Verlängern Sie die Andromeda-Kette vom Pegasus-Quadrat ausgehend in Gedanken noch einmal über den Zenit hinaus, so treffen Sie auf den hellen Hauptstern Kapella im Sternbild Fuhrmann.
- Auf halbem Wege zwischen Kapella und dem letzten Stern der Andromeda treffen Sie auf den Perseus. Er liegt etwa eine Handbreit links vom Zenit entfernt.
- Seine Sterne formen ein etwas schiefes, auf dem Kopf stehendes „Y".

Die Perseus-Sterne sind nicht sehr hell, ihre Form ist aber einprägsam. Sie ähnelt der einer Giraffe: rechts ein Vorderlauf, links ein Hinterlauf und oben ein langer Hals über einem schmalen Körper, der durch eine kleine Sternansammlung gebildet wird. Das Sternbild ist recht ausgedehnt, es kann nicht ganz mit einer Handfläche abgedeckt werden.

So groß ist der Perseus am Himmel

Höhe des Sternbildes am Himmel	
Breite des Sternbildes am Himmel	

Geschichte und Geschichtchen

Der griechische Held Perseus war ein Sohn des Zeus, der Polydektes, dem König von Seriphos, das Haupt der Gorgone Medusa bringen sollte. Medusa war eine Dienerin der Göttin Athene und vom Meeresgott Poseidon vergewaltigt worden. Damit nicht genug, wurde sie zur Strafe für den Verlust ihrer Jungfräulichkeit in ein schreckliches Wesen mit Schlangenköpfen statt Haaren verwandelt, das jeden Menschen, der sie direkt ansah, zu Stein erstarren ließ. Perseus überlistete Medusa dadurch, dass er ein poliertes Schild mitführte, so dass er nur ihr Spiegelbild in diesem Schild sah. So musste er sie nicht direkt anschauen und konnte der schlafenden Medusa mit einer Sichel den Kopf abschlagen. Nach getaner „Arbeit" rettete er auf dem Rückweg sozusagen im Vorübergehen noch die angekettete Andromeda vor dem Meeresungeheuer Ketos (s. S. 54).

Algol im Perseus

Betrachten Sie einmal den Vorderlauf der „Perseusgiraffe". Der letzte Stern vor dem Fuß des Tieres verändert im Laufe von knapp drei Tagen regelmäßig seine Helligkeit. Er trägt den Namen Algol (im Foto der bläuliche Stern links). Versuchen Sie einmal, die Helligkeitsschwankungen von Algol zu verfolgen und vergleichen Sie seine Helligkeit mit der von benachbarten Sternen: Alle drei Tage wird Algol für etwa 10 Stunden deutlich schwächer!

Lange wusste man nicht, was die Ursache für diese Verdunkelung sein könnte, daher gaben ihm die Araber seinen Namen, der übersetzt etwa „Teufelsstern" heißt. Inzwischen kennt man jedoch die – völlig harmlose – Erklärung für die Helligkeitsschwankungen: Algol wird von einem Begleitstern umkreist, der ihn regelmäßig bedeckt und abdunkelt. Heute sind viele solcher veränderlichen Sterne bekannt, und Algol ist der Prototyp einer ganzen Klasse von Sternen. Man nennt sie Bedeckungsveränderliche.
Übrigens: Zwei Fingerbreit rechts von Algol finden Sie im Fernglas einen schönen Sternhaufen. Er trägt die offizielle Bezeichnung M 34 (im Foto rechts).

Kassiopeia
Doppel-
sternhaufen
Kapella
Zenit
Fuhrmann
Perseus
Algol
M34
Andromeda-
Galaxie
Andromeda
Dreieck
Sirrah
Plejaden
Hamal
Widder
Pegasus
Stier
Hyaden
ldebaran
Fische
Frühlingspunkt
Mira
Walfisch
Eridanus
Süden

Der Widder

So finden Sie den Widder

- Schauen Sie nach Süden, etwa halbhoch an den Himmel.
- Knapp zwei Handbreit unterhalb der Andromeda (S. 54) finden Sie vier nicht sehr helle Sterne in einem leichten Bogen von etwas mehr als einer Handbreit Länge angeordnet. Sie zeigen etwa zum Südhorizont. Dies ist das Sternbild Widder.
- Die vier Sterne werden nach rechts unten hin vom Pegasus-Quadrat flankiert.
- Etwa eine Handbreit links darüber – fast im Zenit – steht der Perseus, dessen „Giraffenbeine" auf den leicht zu findenden Sternhaufen der Plejaden im Wintersternbild Stier und – rechts davon – auf den Widder weisen.
- Die drei enger beisammen stehenden Sterne des Sternbilds markieren den Kopf des Widders, der Rumpf schließt sich – mit einer gehörigen Portion Fantasie – nach links an.

Der Widder ist recht unauffällig und daher nicht sehr einfach zu erkennen. Nur vier Sterne sind mit bloßem Auge gut sichtbar. Mit Hilfe seiner recht einfach zu findenden Nachbarsternbilder lässt er sich aber gut eingrenzen.

So groß ist der Widder am Himmel

Höhe des Sternbildes am Himmel 

Breite des Sternbildes am Himmel 

Geschichte und Geschichtchen

Ein Widder lässt sich in der Sternanordnung nur mit viel Fantasie sehen. Der Name „Hamal" des Hauptsterns stammt aus dem Arabischen und bedeutet soviel wie „Lamm". Er ist der zweite Stern von links und repräsentiert damit das ganze Sternbild.
Bei den Griechen spann sich um den Widder die Sage vom Goldenen Vlies: Die zweite Frau des Königs Athamas von Theben trachtete seinen Kindern aus erster Ehe nach dem Leben, weil sie sie als Bedrohung ansah. So verbrannte sie die Ernte und verursachte eine Hungersnot. Dann bestach sie das Orakel von Delphi, das daraufhin verlauten ließ, der Königssohn Phrixos aus erster Ehe müsse geopfert werden, damit das Getreide wieder wachse. Hermes, der Götterbote, jedoch sandte einen Widder mit goldenem Fell, dem Goldenen Vlies, der den Jungen vom Opfer-Altar rettete.

Der Widder-Punkt

Der Widder spielte in der griechischen Mythologie eine besondere Rolle, denn zur Blütezeit der griechischen Kultur befand sich in diesem Sternbild der Frühlingspunkt. Dies ist der Punkt am Himmel, den die Sonne auf ihrer Bahn jedes Jahr zu Frühlingsbeginn passiert. Er heißt deswegen auch Widder-Punkt. Aber wie kann das sein, wo doch beim Sternbild Pegasus zu lesen ist, dass sich der Frühlingspunkt heute im Sternbild Fische befindet (s. Abb. links und S. 52)?

Der Grund für die Verschiebung vom Widder in die Fische ist, dass die Erdachse in langen Zeiträumen wie ein großer Kreisel taumelt. Dabei wandert der Frühlingspunkt langsam, aber stetig am Himmel von einem Sternbild ins nächste (s. S. 32). Ein ganzer Umlauf dauert etwa 26 000 Jahre, und die letzten 2000 Jahre haben bereits ausgereicht, um den Frühlingspunkt vom Widder in die Fische zu befördern. Vom Widder ist auch der Sternhaufen der Plejaden nicht weit, der schon zum Wintersternbild Stier gehört (S. 62).

Kassiopeia
Doppel-
sternhaufen
Kapella
Zenit
uhrmann
Perseus
Algol
M 34
Andromeda-
Galaxie
Andromeda
Dreieck
Sirrah
Plejaden
Hamal
Widder
Stier
Hyaden
debaran
Pegasus
Fische
Frühlingspunkt
Mira
Walfisch
Eridanus
Süden

Am Winterhimmel können Sie sich vor hellen Sternen fast nicht retten: Sechs der hellsten Wintersterne bilden das Wintersechseck, eine Art große Sternenhalskette, die vom Horizont bis zum Zenit reicht. Weit oben leuchtet als oberster Eckpunkt Kapella, der helle gelbliche Hauptstern im Sternbild Fuhrmann. Etwa drei Handbreit weiter links unten stehen die beiden Zwillingssterne Kastor und Pollux, von denen Pollux ebenfalls ein Eckpunkt des Wintersechsecks ist. Weiter geht es rund zwei Handbreit hinunter zu Prokyon, dem hellsten Stern im Kleinen Hund. Am Horizont ist der tiefste Eckpunkt des Sechsecks zu finden: der bläuliche Sirius, der hellste Stern des Himmels und Hauptstern im Großen Hund. Etwa zwei Handbreit weiter rechts oben steht das auffällige Sternbild Orion. Rigel, der bläulich funkelnde Stern rechts unten, ist der fünfte Eckpunkt des Wintersechsecks. Die Figur wird schließlich vervollständigt von Aldebaran im Stier. Er steht halbhoch am Himmel und leuchtet rötlich.

Etwa in der Mitte des Sechsecks strahlt sehr auffällig ein weiterer heller Stern: Es ist die rötliche Beteigeuze, der zweite helle Stern im Orion. Das Sternbild Krebs, etwa eine Handbreit links der Zwillinge, läutet bereits den Frühling ein.

Winter

Sternbild	Wann?	Wo?	Wie auffällig?	Seite
Der Stier	Dezember	halbhoch	****	62
Der Orion	Januar	halbhoch	*****	64
Der Große Hund	Januar	Horizont	***	66
Der Fuhrmann	Januar	Zenit	*****	68
Die Zwillinge	Januar	halbhoch	***	70
Der Kleine Hund	Februar	halbhoch	**	72
Der Krebs	Februar	halbhoch	*	74

* weniger auffällig   *** auffällig   ***** sehr auffällig

Der Stier

So finden Sie den Stier

- Schauen Sie nach Süden. Etwa drei Handbreit über dem Horizont stehen drei Sterne auffällig in einer aufsteigenden Reihe. Dies sind die Gürtelsterne im bekannten Sternbild Orion (S. 64).
- Folgen Sie dieser aufsteigenden Linie etwa zwei Handbreit nach oben, so treffen Sie auf einen hellen, rötlich leuchtenden Stern. Dies ist Aldebaran, der Hauptstern im Sternbild Stier. Er verkörpert das rote Stierauge.
- Aldebaran steht in einer V-förmigen Ansammlung von Sternen, deren Spitze nach rechts unten geneigt ist. Dies ist der Sternhaufen der Hyaden, er bildet den Stierkopf.
- Etwa ein bis zwei Handbreit weiter nach links oben treffen Sie auf die lang gezogenen Stierhörner, von denen das obere auch oft dem angrenzenden Sternbild Fuhrmann zugeschlagen wird. Es repräsentiert dann dessen rechten Fuß (s. Abb. S. 68).

Sie können sich den Stier auch als Stimmgabel vorstellen: Die beiden Stierhörner bilden die Spitzen, unterhalb von Aldebaran und der V-förmigen Sternanordnung verläuft der Griff. Aldebaran ist Eckpunkt des Wintersechsecks (s. S. 60).

So groß ist der Stier am Himmel

Höhe des Sternbildes am Himmel

Breite des Sternbildes am Himmel

Geschichte und Geschichtchen

Vom Stier ist am Himmel also nur der Kopf sichtbar, auffällig ist vor allem das rote Stierauge Aldebaran. Die Griechen sahen in diesem Sternbild den Stier, in dessen Gestalt sich der Göttervater Zeus einem seiner vielen amourösen Abenteuer hingab: In Stiergestalt entführte Zeus die schöne Europa und brachte sie auf seinem Rücken nach Kreta. Den Sternhaufen der Plejaden (s. u.) brachten die Griechen mit sieben Schwestern in Verbindung, den Begleiterinnen der Jagdgöttin Artemis. Die Hyaden galten als Halbschwestern der Plejaden. Im Unterschied zum Siebengestirn der Plejaden bezeichnet man die Hyaden auch als Regengestirn. Sie tauchten im antiken Griechenland am Morgenhimmel immer zu einer Zeit auf, in der es schwere Stürme und Regenfälle gab.

Die Hyaden und Plejaden im Stier

Aldebaran gehört zu den 25 hellsten Sternen. Mit seiner rötlichen Farbe ist er sehr auffallend.

Im Sternbild Stier befinden sich auch zwei der schönsten Sternhaufen am Himmel: Es sind die Plejaden (s. Foto links) und die Hyaden. Die Hyaden bilden den V-förmigen Sternhaufen, der sich direkt an den Hauptstern Aldebaran anschließt und den Stierkopf formt. Sie können den Haufen schon gut mit bloßem Auge erkennen, aber auch im Fernglas bietet er einen schönen Anblick. Aldebaran selbst gehört übrigens nicht zu den Sternen der Hyaden. Er steht nur zufällig in derselben Richtung, in Wirklichkeit ist er aber dreimal näher!

Die Plejaden sind der schönste Sternhaufen am ganzen Himmel. Sie finden sie vom Hauptstern Aldebaran aus rund eine Handbreit weiter rechts oben: Etwa sieben Sterne stehen dort eng beisammen und können durch einen Fingernagel abgedeckt werden. Ihrer Form nach sehen sie aus wie eine Miniaturausgabe des Großen oder Kleinen Wagens (S. 22 und 32). Beobachten Sie die Plejaden unbedingt auch mit dem Fernglas, dann entfalten sie ihre ganze Pracht.

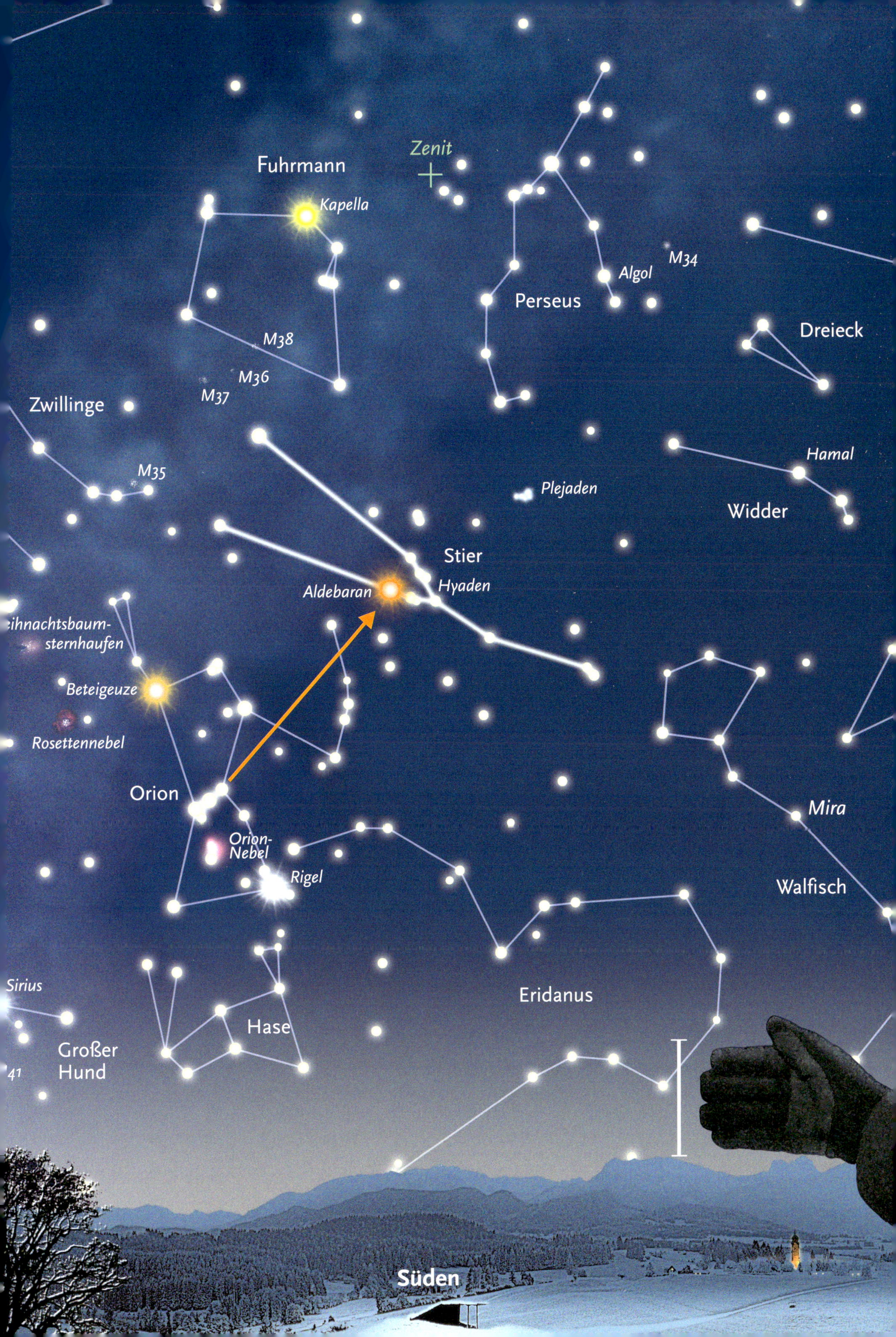
Zenit
Fuhrmann
Kapella
M34
Algol
Perseus
Dreieck
M38
M36
M37
Zwillinge
M35
Plejaden
Hamal
Widder
Stier
Hyaden
Aldebaran
eihnachtsbaum-
sternhaufen
Beteigeuze
Rosettennebel
Orion
Mira
Orion-
Nebel
Rigel
Walfisch
Sirius
Eridanus
Hase
Großer
Hund
41
Süden

Der Orion

So finden Sie den Orion

- Blicken Sie nach Süden zum Horizont. Etwa drei Handbreit über dem Südhorizont finden Sie drei Sterne, die auffällig in einer aufsteigenden Reihe stehen. Sie bilden den Gürtel des Orion.
- Gehen Sie vom Gürtel aus etwa eine Handbreit nach oben, dort finden Sie leicht die linke und rechte Schulter des Orion. Vor allem der linke Schulterstern Beteigeuze fällt auf, er strahlt sehr hell und rötlich.
- Eine Handbreit unterhalb der Gürtelsterne treffen Sie auf Knie- und Fußstern des Himmelsjägers. Rigel, der rechte Fußstern (von Ihnen aus gesehen), ist sehr hell und hat eine bläuliche Farbe.

Das Sternbild Orion ist das auffälligste und bekannteste Wintersternbild. Es ist leicht zu finden und erscheint sehr groß. Der Orion erinnert auch an einen Schmetterling, der quer zum Horizont über den Himmel schwebt. Der eine Flügel zeigt zum Horizont, der andere in Richtung Zenit. Rigel ist ein Eckstern des Wintersechsecks (s. S. 60).

So groß ist der Orion am Himmel

Höhe des Sternbildes am Himmel 

Breite des Sternbildes am Himmel 

Geschichte und Geschichtchen

Die Gestalt des Orion lässt sich in der Sternanordnung am Himmel recht gut erkennen. Orion war in der griechischen Mythologie ein großer Jäger, der sich damit brüstete, dass er alle Tiere töten könne. Das ärgerte die Erdgöttin Gäa derart, dass sie schließlich einen Skorpion schickte, der Orion durch einen Stich mit seinem giftigen Stachel töten sollte. Orion sank nach dem Stich getroffen zusammen, hatte aber Glück und wurde wiederbelebt (s. auch S. 34).
Dieses Schauspiel wiederholt sich nun fortwährend am Himmel: Wenn der Skorpion im Osten aufgeht, sinkt Orion im Westen tödlich getroffen hinter den Horizont. Nach seiner Wiederbelebung kehrt er später im Osten wieder, wenn der Skorpion untergegangen ist.
Der linke Schulterstern Beteigeuze des Orion findet sich übrigens auch in der Sciencefiction-Literatur: Ford Prefect, eine der Hauptfiguren des Romans „Per Anhalter durch die Galaxis“ von Douglas Adams, stammt darin vom Planeten „Beteigeuze 5“.

Der Große Orion-Nebel

Der bläuliche Rigel und die rötliche Beteigeuze sind der siebt- und zehnthellste Stern des Himmels. Die beiden Sterne bilden einen schönen, deutlichen Farbkontrast. Etwa zwei Fingerbreit unterhalb des mittleren Gürtelsterns können Sie im so genannten „Schwertgehänge“ des Orions schon mit bloßem Auge einen verschwommenen hellen Fleck erkennen. Dies ist der Große Orion-Nebel, eine der schönsten leuchtenden Gaswolken am Himmel (s. Foto links). Betrachten Sie ihn unbedingt auch im Fernglas, dann können Sie den Nebel noch besser erahnen. Der Orion-Nebel ist wie viele andere leuchtende Gasnebel ein Sternenkinderzimmer: In seinen Gas- und Staubmassen entstehen laufend neue Sterne. In einigen Millionen Jahren wird an dieser Stelle ein schöner Sternhaufen stehen.

Zenit
Luchs
Kapella
Perseus
Fuhrmann
M38
Kastor
M36
M37
Zwillinge
Pollux
Plejaden
Krebs
M35
Krippe
Stier
Hyaden
Aldebaran
Orion
Weihnachtsbaum-
sternhaufen
Beteigeuze
Kleiner
Hund
Prokyon
Rosettennebel
Orion-
Nebel
Rigel
Sirius
Hase
M41
Großer Hund
Süden

Der Große Hund

So finden Sie den Großen Hund

- Blicken Sie nach Süden zum Horizont. Etwa drei Handbreit über dem Horizont finden Sie die drei Gürtelsterne des Orion, die eine aufsteigende Linie bilden (s. auch S. 64).
- Verlängern Sie nun diese Linie nach links unten, schräg Richtung Horizont. Etwa anderthalb Handbreit über dem Horizont treffen Sie auf einen kaum zu übersehenden, sehr hellen, bläulich weiß funkelnden Stern. Dies ist Sirius, der Hauptstern im Großen Hund, er bildet den Kopf des Hundes.
- Etwa eine Handbreit unterhalb von Sirius in Richtung Südhorizont finden Sie die restlichen, weniger auffälligen Sterne des Sternbildes, die den Rumpf des Tieres formen.

Das Sternbild Großer Hund steht in unseren Breiten immer nah am Südhorizont. Trotzdem ist es leicht zu finden, da sein Hauptstern Sirius sehr hell leuchtet. Der untere, unauffälligere Teil des Sternbildes versinkt aber oft im Licht und Dunst des horizontnahen Bereichs. Sirius ist der hellste und unterste Eckpunkt des hellen Wintersechsecks (s. S. 60).

So groß ist der Große Hund

Höhe des Sternbildes am Himmel 

Breite des Sternbildes am Himmel 

Geschichte und Geschichtchen

Von der Figur des Großen Hundes ist oft nur Sirius gut zu erkennen. In der griechischen Mythologie stellten der Große und der Kleine Hund (S. 72) die beiden Himmelshunde des Jägers Orion dar.
Den Ägyptern waren der Große Hund und sein hellster Stern Sirius schon im 3. Jahrtausend v. Chr. bekannt: Sein erster Aufgang im Jahr am Morgenhimmel fiel damals genau mit dem Termin des jährlichen Nilhochwassers zusammen. Da das Nilhochwasser die Grundlage des Lebens im Nildelta bildete, verkörperte der „Hundsstern" Sirius daher die Fruchtbarkeit. Gleichzeitig läutete sein Erscheinen die so genannten „Hundstage" ein, einen Zeitraum von 40 Tagen, in denen es in Ägypten besonders heiß war.

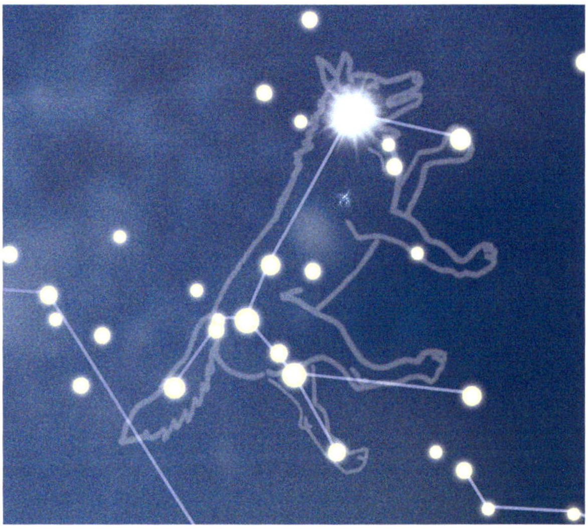

Sirius im Großen Hund

Sirius ist der hellste Stern am Himmel überhaupt. Nur Sonne, Mond und die Planeten können ihn an Helligkeit noch übertreffen. Er ist ein Symbol für kalte Winternächte und leuchtet bläulich weiß (s. Foto links).
Sein Name stammt aus dem Ägyptischen und bedeutet „funkelnd". Oftmals sieht man ihn auch kräftig in allen Farben funkeln, die Palette reicht von rötlich über weiß bis bläulich. Die Ursache dafür ist, dass sich Sirius nie weit über den Horizont erhebt, wo die Turbulenzen unserer Erdatmosphäre besonders groß sind. So wird sein Sternenlicht in die Regenbogenfarben zerlegt und hin und her geworfen. Sirius erscheint uns übrigens nur deshalb so hell, weil er ein direkter Nachbar der Sonne ist. Das Licht von Sirius benötigt zu uns aber immer noch eine Reisezeit von knapp neun Jahren.
Zwei Fingerbreit unterhalb von Sirius liegt ein schöner Sternhaufen, den Sie bei sehr dunklem klarem Himmel schon mit dem bloßen Auge als nebliges Fleckchen erahnen können (Foto links, unten im Bild). Seine Katalogbezeichnung ist M 41. Betrachten Sie ihn auch einmal mit dem Fernglas: Darin entfaltet er seine ganze Pracht und ist als Sternhaufen leicht zu erkennen.

Zenit
Luchs
Kapella
Perseus
Fuhrmann
M38
Kastor
M36
M37
Zwillinge
Pollux
Plejaden
Krebs
M35
Krippe
Stier
Hyaden
Aldebaran
Orion
Weihnachtsbaum-
sternhaufen
Beteigeuze
Kleiner
Hund
Prokyon
Rosettennebel
Orion-
Nebel
Rigel
Sirius
Hase
M 41
Großer Hund
Süden

Der Fuhrmann

So finden Sie den Fuhrmann

- Schauen Sie nach Süden, legen Sie den Kopf weit in den Nacken und blicken Sie hinauf zum Zenit, dem Punkt über Ihrem Kopf.
- Etwa eine Handbreit rechts vom Zenit finden Sie den hellen, gelblichen Stern Kapella. Dies ist der Hauptstern im Fuhrmann.
- Unterhalb von Kapella bilden vier weitere, gut sichtbare Sterne ein schiefes Viereck, das sich mit einer Handfläche fast abdecken lässt. Zusammen mit Kapella formen sie das Fuhrmann-Fünfeck.
- Oftmals wird zum Fuhrmann auch noch der helle Stern zwei Handbreit unterhalb von Kapella hinzugerechnet (s. Abb. unten), der eigentlich schon zum Sternbild Stier (S. 62) zählt. Der Fuhrmann bildet dann ein leicht zu erkennendes Sechseck, quasi eine große Sternenhalskette.

Das Sternbild Fuhrmann steht im Winter hoch oben am Himmel. Es ist leicht zu finden und sehr einprägsam. Kapella ist der obere Eckpunkt des Wintersechsecks.

So groß ist der Fuhrmann am Himmel

Höhe des Sternbildes am Himmel 

Breite des Sternbildes am Himmel 

Geschichte und Geschichtchen

Obwohl sich eine Gestalt in der Sternanordnung nicht einfach erkennen lässt, hielten schon die Mesopotamier dieses Sternbild für einen Fuhrmann, der eine Ziege trägt. Auch der Name des Hauptsterns Kapella heißt übersetzt „weibliche Ziege“. Die Griechen identifizierten die Ziege mit Amaltheia, der Ziege, die den Göttervater Zeus als Kind säugte. In einer anderen griechischen Deutung verkörpert das Sternbild den Fuhrmann Myrtilos, einen Diener des Königs von Pisa in Elis. Myrtilos verhalf Pelops, dem Sohn des Götterboten Hermes, im Wagenrennen gegen den König durch ein Komplott zum Sieg. Dadurch gewann Pelops die Hand der Königstochter. Den Fuhrmann allerdings schlug Pelops nieder und versetzte ihm den Todesstoß. Aufgrund dieses unglücklichen Schicksals versetzte Hermes den Fuhrmann an den Himmel.

Die Sternhaufen im Fuhrmann

Kapella ist der sechsthellste Stern am Himmel, er hat eine gelbliche Farbe. Als einziger der sehr hellen Sterne geht er in unseren Breiten niemals unter, er ist damit in jeder klaren Nacht zu sehen. Jedoch ändert sich über das Jahr seine Position am Himmel. Im Winter steht er hoch oben, fast im Zenit, während er im Sommer nur ganz knapp über dem Nordhorizont zu finden ist. Zu diesen Zeiten kommt es dann mitunter zu Anrufen von besorgten Bürgern bei der Polizei oder bei Sternwarten, die sich fragen, was der helle Lichtpunkt am Horizont bedeuten könnte.

Mit einem Fernglas können Sie im Fuhrmann auch drei schöne Sternhaufen erspähen. Sie tragen die Bezeichnungen M 37 (s. Foto links), M 36 und M 38. Alle drei stehen etwa in einer Reihe, annähernd auf halber Strecke links und rechts der Verbindungslinie zwischen der linken unteren Ecke des Fuhrmann-Fünfecks und dem oberen „Stierhorn“ aus dem Sternbild Stier (s. Sternkarte rechte Seite). Sie wirken im Fernglas wie helle große Nebel, zum Teil lassen sich auch Einzelsterne erkennen.

Zenit
Kapella
Perseus
Luchs
Fuhrmann
M38
M36
M37
Kastor
Pollux
Zwillinge
Plejaden
Krebs
M35
Krippe
Stier
Hyaden
Aldebaran
Orion
Weihnachtsbaum-
sternhaufen
Beteigeuze
Kleiner
Hund
Prokyon
Rosettennebel
Orion-
Nebel
Rigel
Sirius
Hase
M41
Großer Hund
Süden

Die Zwillinge

So finden Sie die Zwillinge

- Schauen Sie nach Süden. Etwa drei Handbreit über dem Horizont stehen die drei Gürtelsterne des Orion. Eine Handbreit darunter leuchtet der bläuliche Fußstern Rigel, eine Handbreit über dem Gürtel der rötliche Schulterstern Beteigeuze (s. auch S. 64).
- Verbinden Sie in Gedanken diese beiden hellsten Orion-Sterne miteinander und verlängern Sie die Linie einmal nach oben. Nun befinden Sie sich mitten im Sternbild Zwillinge.
- Eine Handbreit weiter links oben leuchten die beiden hellen Zwillingssterne Kastor und Pollux, die in etwa zwei Fingerbreit Abstand voneinander stehen.
- Kastor und Pollux repräsentieren die Köpfe der beiden Zwillingsbrüder, ihre Körper erstrecken sich etwa anderthalb Handbreit weiter nach rechts unten. Die Fußsterne der Zwillinge liegen in direkter Nachbarschaft der Sternbilder Orion (S. 64) und Stier (S. 62).

Die Zwillinge sehen aus wie ein großes, schief stehendes Rechteck, dessen obere Stirnseite von Kastor und Pollux gebildet wird. Das Sternbild ist gut zu finden, es steht im Januar spät abends hoch am Himmel, nur zwei Handbreit vom Zenit entfernt. Pollux ist ein Eckstern des Wintersechsecks.

So groß sind die Zwillinge am Himmel

Höhe des Sternbildes am Himmel 

Breite des Sternbildes am Himmel 

Geschichte und Geschichtchen

Die beiden hellen, eng benachbarten Sterne waren in fast allen Kulturkreisen als Zwillinge bekannt. In der Vorstellung der Römer waren es die Zwillinge Romulus und Remus, die Gründer Roms, bei den Griechen wurden sie mit Kastor und Pollux identifiziert. Beide waren uneheliche Söhne des Zeus mit Leda, der Königin von Sparta. Von den Söhnen war nur Pollux göttlich und damit unsterblich. Als Kastor eines Tages im Kampf durch einen Speer getötet wurde, musste er sein Dasein fortan im Hades fristen, der griechischen Unterwelt. Sein unsterblicher Zwillingsbruder Pollux war darüber untröstlich. Ihr göttlicher Vater Zeus ließ sich schließlich erweichen und gestattete ihnen, gemeinsam immer abwechselnd im Hades und im Reich der Götter zu weilen.

Die Sternhaufen in den Zwillingen

Pollux ist der untere der beiden Zwillingssterne. Dies können Sie sich damit merken, dass sein Name ein „u" enthält. Beide Zwillingssterne gehören zu den 25 hellsten Sternen des Himmels, Pollux ist etwas heller als Kastor. Während dieser deutlich weiß leuchtet, strahlt Pollux leicht gelblich. Mit einem Fernglas können Sie in der Gegend der Zwillinge zwei schöne Sternhaufen beobachten. Beide stehen zu Füßen des Zwillingspaares. Der eine trägt die Bezeichnung M 35 (s. Foto links) und ist etwa zwei Fingerbreit rechts oberhalb des Kastor-Fußsterns zu finden. Im Fernglas zeigt er sich als heller Nebel mit einigen Sternen.

Etwa drei Fingerbreit links unterhalb des Pollux-Fußsterns finden Sie einen der Jahreszeit entsprechenden Sternhaufen: den so genannten Weihnachtsbaum-Sternhaufen mit der offiziellen Bezeichnung NGC 2264. Im Fernglas wirkt er wie ein länglicher Fleck, seine Form, ähnlich einem Weihnachtsbaum, lässt sich leider erst in einem kleinen Teleskop erkennen.

Zenit
Luchs
Kapella
Perseus
Fuhrmann
M38
Kastor
M36
M37
Zwillinge
Pollux
Plejaden
Krebs
M35
Krippe
Stier
Hyaden
Aldebaran
Orion
Weihnachtsbaum-
sternhaufen
Beteigeuze
Prokyon
Kleiner
Hund
Rosettennebel
Orion-
Nebel
Rigel
Sirius
Hase
M41
Großer Hund
Süden

Der Kleine Hund

So finden Sie den Kleinen Hund

- Schauen Sie nach Süden zum Horizont. Dort finden Sie etwa eine Handbreit über dem Südhorizont den hell funkelnden Sirius, den Hauptstern im Großen Hund (S. 66).
- Gehen Sie von Sirius aus gut zwei Handbreit nach links oben, so treffen Sie auf einen einzeln stehenden, leicht gelblichen, hellen Stern: Dies ist Prokyon, der Hauptstern im Kleinen Hund. Er repräsentiert den Hundekörper.
- Von Prokyon aus zwei Fingerbreit nach rechts oben – senkrecht zur Verbindungslinie zu Sirius – finden Sie den zweiten Stern des Sternbildes und dicht daneben den dritten, die den Hals des Tieres bilden. Im Vergleich zu Prokyon sind sie deutlich schwächer.

Das Sternbild Kleiner Hund ist halbhoch am Himmel durch den hellen Prokyon recht gut zu finden. Am besten merken Sie sich, dass er nicht weit vom Großen Hund entfernt ist und von dessen sehr hellem, bläulich funkelnden Hauptstern Sirius aus gut zu finden ist. Prokyon ist einer der Eckpunkte des Wintersechsecks.

So groß ist der Kleine Hund

Höhe des Sternbildes am Himmel < 

Breite des Sternbildes am Himmel < 

Geschichte und Geschichtchen

Prokyon bedeutet so viel wie „vor dem Hund". Er kam zu diesem Namen, weil er immer kurz vor Sirius aufgeht und damit den Aufgang des Großen Hundes ankündigt.
Der Kleine Hund zählte bei den Griechen zusammen mit dem Großen Hund zu den Hunden des Himmelsjägers Orion. Im Zweistromland galt der Kleine Hund als Wasserhund. Die Araber hingegen stellten sich beim Großen und Kleinen Hund zwei Schwestern vor, von denen eine weglief und die andere im Stich ließ. Dazu passt auch der Name des zweithellsten Sterns des Sternbildes, des nächstschwächeren Sterns neben Prokyon: Er heißt „Gomeisa", was übersetzt „mit wässrigem Auge" oder „weinend" bedeutet. Gomeisa symbolisiert die Trauer der verlassenen Schwester.

Der Rosettennebel im Einhorn

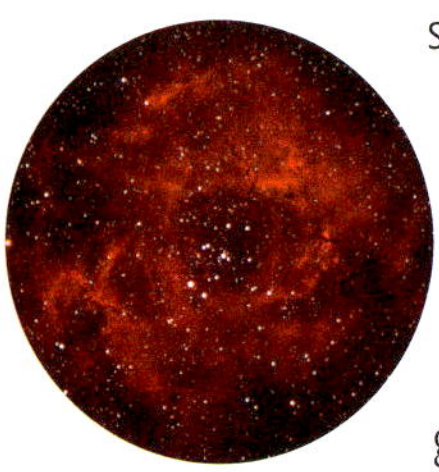

Prokyon ist der achthellste Stern am Himmel. Er ist – wie Sirius (vgl. S. 66) – einer unserer nächsten Nachbarsterne: „Nur" elf Jahre benötigt sein Licht bis zu uns, das entspricht einer Strecke von etwa 100 Billionen Kilometern. Aufgrund seiner „Nähe" erscheint Prokyon auch so hell am Himmel.
Für das bloße Auge und auch für ein Fernglas unsichtbar ist, dass er in Wirklichkeit ein Doppelstern ist: Prokyon hat einen Begleiter, der ihn einmal alle 41 Jahre umkreist. Der Begleiter ist ein so genannter Weißer Zwerg, ein Stern, der unvorstellbar dicht zusammengedrückt ist. Ein Teelöffel voll Materie von diesem Stern wöge auf der Erde rund eine Tonne. Der Stern befindet sich im Endstadium seines Lebens, ein Zustand, den auch eines fernen Tages unsere Sonne erreichen wird.
In der Gegend des Kleinen Hundes können Sie mit dem Fernglas gut einen schönen Sternhaufen beobachten: Verbinden Sie Prokyon und Beteigeuze, den roten Schulterstern im Orion (S. 64), gedanklich durch eine Linie, so treffen Sie nach etwa zwei Drittel der Strecke auf den Sternhaufen mit dem Namen NGC 2244. Der Haufen ist eingebettet in einen Gasnebel, den so genannten Rosettennebel (s. Foto links), der im Fernglas aber nur bei dunkelstem Himmel zu erahnen ist. Der Rosettennebel gehört schon zum benachbarten Sternbild Einhorn.

Großer Wagen
Zenit
Luchs
Kapella
Fuhrmann
M38
M36
M37
Kleiner Löwe
Kastor
Zwillinge
Pollux
M35
Krebs
Krippe
Löwe
Regulus
Weihnachtsbaum-
sternhaufen
Beteigeuze
Kleiner
Hund
Prokyon
Rosettennebel
Orion
Wasserschlange
Alphard
Sirius
Großer
Hund
M41
Süden

Der Krebs

So finden Sie den Krebs

- Schauen Sie nach Süden, halbhoch an den Himmel.
- Ziehen Sie nun eine Verbindungslinie zwischen Pollux, dem unteren Zwillingsstern und Regulus, dem hellen Hauptstern im Frühlingssternbild Löwe (S. 70 und 20).
- Auf der Hälfte dieser Verbindungslinie steht das unauffällige Sternbild Krebs. Bei dunklem Himmel sehen Sie dort einen schwach glitzernden Sternhaufen. Sein Name ist Praesepe, das heißt übersetzt Futterkrippe.
- Von der Krippe aus können Sie auch den Rest des Krebses entdecken: Er hat die Form eines auf dem Kopf stehenden „Y". Die Krippe steht genau dort, wo die drei Äste zusammenlaufen. Sie sind jeweils nur wenige Fingerbreit hoch.

Der Krebs ist nicht leicht zu finden und erfordert einen dunklen Himmel. Er ist im Wesentlichen der unscheinbare Zwischenraum zwischen dem Wintersternbild Zwillinge und dem Frühlingssternbild Löwe. Der Krebs beendet am Himmel den Winter und kündigt bereits die hellen Frühlingssternbilder an.

So groß ist der Krebs am Himmel

Höhe des Sternbildes am Himmel 

Breite des Sternbildes am Himmel 

Geschichte und Geschichtchen

Der Krebs ist als solcher nicht ohne weiteres am Himmel zu erkennen. Die Griechen sahen in dem Sternbild den Krebs, der den Helden Herkules in die Zehen zwickte, als er bei einer seiner Heldentaten mit der vielköpfigen Wasserschlange Hydra kämpfte.
In der Mythologie der Babylonier und Ägypter war der Krebs ein Symbol für Fruchtbarkeit, Leben und Wiedergeburt. Dies hing damit zusammen, dass die Sonne in der Antike zur Sommersonnenwende im Sternbild Krebs stand und dort ihren höchsten Punkt am Himmel erreichte. Man spricht deshalb auch heute noch vom „Wendekreis des Krebses", obwohl die Sonne heute zur Sommersonnenwende nicht mehr im Krebs, sondern im Stier steht. Das Pendant zum Winterbeginn ist der „Wendekreis des Steinbocks".

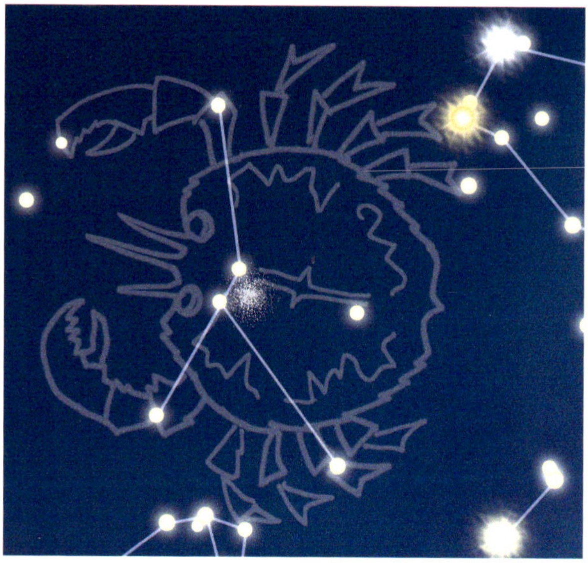

Der Sternhaufen Krippe im Krebs

Im unauffälligen Sternbild Krebs fällt als erstes genau in der Mitte der schöne Sternhaufen Krippe auf (s. Foto links). Schon mit bloßem Auge sehen Sie ihn als diffusen Fleck am Himmel. Die Krippe ist daher gut geeignet, um das Anpeilen eines Objektes am Himmel mit dem Fernglas zu üben. Versuchen Sie einmal, den glitzernden Fleck, den Sie mit bloßem Auge anvisieren können, mit dem Fernglas zu erwischen. Ob Sie getroffen haben oder nicht, können Sie beim Blick durch das Fernglas sofort eindeutig feststellen: Sehen Sie nun eine auffällige Ansammlung von Sternen vor sich, haben Sie ins Schwarze getroffen.
Der lateinische Name des Sternhaufens Praesepe bedeutet übersetzt Futterkrippe. In Anlehnung an die Weihnachtsgeschichte, in der aus der Krippe Ochs und Esel fressen, heißen die beiden benachbarten Sterne des Haufens „Asellus Borealis" und „Asellus Australis". Die Namen bedeuten übersetzt der nördliche und der südliche Esel. Die Sterne befinden sich direkt über beziehungsweise unter dem Sternhaufen.
Manchmal wird die Krippe auch als Bienenstock bezeichnet, weil ihre Sterne wie ein Schwarm Bienen hin und her zu schwirren scheinen.

Großer Wagen
Zenit
Luchs
Kapella
Fuhrmann
M38
M36
M37
Kleiner Löwe
Kastor
Zwillinge
Pollux
M35
Krebs
Löwe
Krippe
Regulus
Weihnachtsbaum-
sternhaufen
Beteigeuze
Kleiner
Hund
Orion
Prokyon
Rosettennebel
Wasserschlange
Alphard
Sirius
Großer
Hund
M41
Süden

Mond, Planeten & Satelliten beobachten

Der Mond

Eine schmale Mondsichel am Himmel oder ein riesiger Vollmond am Horizont – der Mond zieht uns immer in seinen Bann. Durch seine Nähe bietet er schon mit bloßem Auge und erst recht mit einem Fernglas hervorragende Beobachtungsmöglichkeiten.

Die Mondphasen beobachten

Der Mond ist das einzige Himmelsobjekt, das die Erde umkreist. Die wechselnden Mondphasen sind sein auffälligstes Merkmal. Verfolgen Sie dieses Schauspiel doch einmal über mehrere Abende hintereinander: Am besten suchen Sie in einem Kalender den nächsten Neumondtermin heraus und beginnen ein paar Tage später mit der ersten Beobachtung. Dann finden Sie die schmale Mondsichel abends am Westhimmel, dort, wo soeben die Sonne untergegangen ist (s. Abb. unten, Position 2). Im Laufe von ein paar Tagen wächst die innere Sichelseite des Mondes und wird immer „gerader" bis zum Halbmond, etwa eine Woche nach Neumond (3). Das Erste Viertel ist erreicht, ein Viertel der Zeit bis zum nächsten Neumond ist jetzt vergangen.
Nun steht der zunehmende Halbmond hoch am Abendhimmel und geht erst gegen Mitternacht unter. Danach wird der Mond immer runder (4): Die gerade Seite wölbt sich nach außen, der Mond nimmt immer weiter zu. Eine Woche später ist Vollmond (5): Dann geht der Mond bei Sonnenuntergang im Osten auf und bei Sonnenaufgang morgens im Westen wieder unter. Die ganze Nacht über ist er gut zu sehen.
Danach verläuft das Schauspiel rückwärts: Nahm der Mond kurz vor Vollmond am linken Rand zu, so erscheint jetzt die rechte Seite immer weiter „angeknabbert" (6). Der Mond nimmt ab und geht dabei immer später am Abend auf. Der abnehmende Halbmond (7) erscheint erst gegen Mitternacht, ist dafür aber bis in die Vormittagsstunden am Himmel zu sehen. Das Letzte Viertel ist erreicht. Dann geht es auf Neumond zu (8), der Mond erscheint erst in den frühen Morgenstunden und wird am Taghimmel von der Sonne überstrahlt. Bei Neumond (1) ist der Mond gar nicht zu sehen.

Das Mondphasen-Experiment

Wissen Sie, wie die Mondphasen zustande kommen? Mit einem kleinen Experiment in einem abgedunkelten Zimmer können Sie sich dies ganz einfach erklären. Stellen Sie eine Lampe auf einen Tisch (am besten einen Strahler, er stellt die Sonne dar) und nehmen einen Ball (den Mond) zur Hand. Die Erde ist Ihr Kopf. Halten Sie den Ball mit ausgestrecktem Arm vor sich. Die Situation ist jetzt die gleiche, wie im Weltraum: Die Sonne beleuchtet Erde und Mond, die sich immer die gleiche Seite zuwenden. Stehen Sie zunächst mit dem Gesicht zur Lampe, sehen Sie nichts, der „Mond" zeigt uns seine

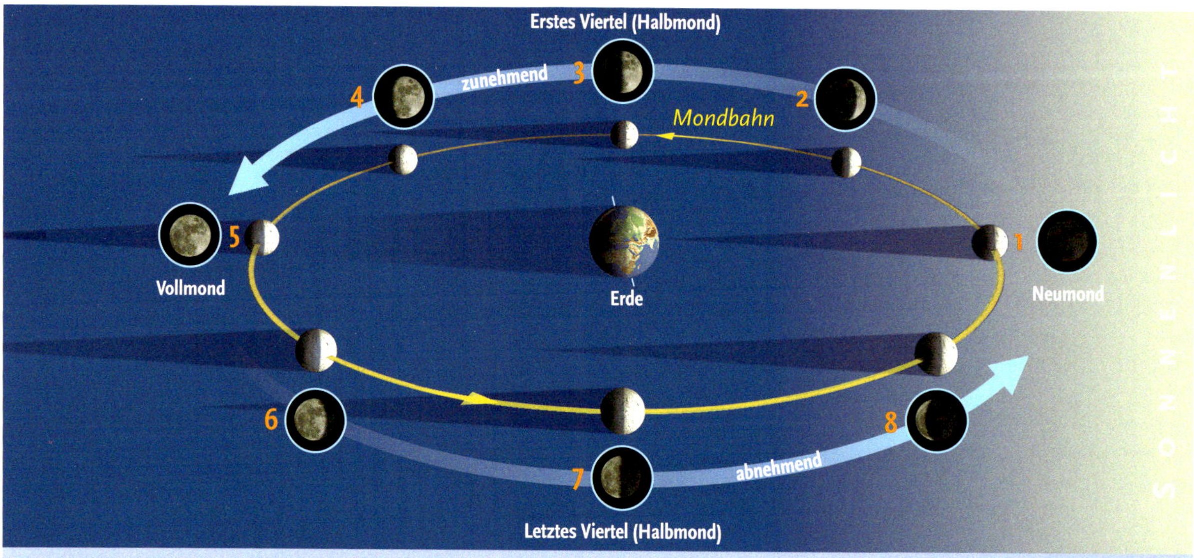

Der Mond wird von der Sonne (rechts außerhalb des Bildes) beleuchtet und wendet ihr daher immer seine helle Seite zu (innerer Kreis). Von der Erde aus betrachtet, entstehen daraus die Mondphasen (äußerer Kreis).

Beim weißen Kreuz landeten die ersten Menschen auf dem Mond.

dunkle Seite und wird von der „Sonne“ überstrahlt – es ist Neumond (Position 1). Drehen Sie sich nun um 90 Grad zur Seite: Der Mondball wird jetzt zur Hälfte beleuchtet, die andere Hälfte ist dunkel. Es ist Halbmond (3). Drehen Sie sich um weitere 90 Grad, so haben Sie die Lampe im Rücken. Verdeckt nun Ihr Kopf nicht gerade ihren Schein, so liegt der Ball im vollen Lampenlicht – es ist Vollmond (5).

Bei Vollmond beobachten

Bei Vollmond können Sie kaum etwas anderes tun als den Mond beobachten. Er ist dann so hell, dass er viele Sterne am Himmel überstrahlt. Der Mond selber ist aber auch ein spannendes Beobachtungsobjekt. Schon mit bloßem Auge können Sie auf ihm unterschiedlich helle Regionen ausmachen, deutlich zu sehen sind größere dunkle „Flecken“. Wenn Sie den Vollmond häufiger beobachten, werden Sie feststellen, dass sich die Flecken nie verändern, der Mond wendet uns immer dieselbe Seite zu. Er zeigt uns sein berühmtes Mondgesicht, das man aus Kindheitstagen kennt.

Die dunklen Regionen sind die so genannten Mondmeere (lateinisch „Mare“). Sie enthalten jedoch trotz ihres Namens kein Wasser, sondern erstarrte Lavamassen. Daher haben sie ihre dunkle Färbung. Das bekannteste Meer ist das Mare Tranquillitatis, das Meer der Ruhe, in dem 1969 die ersten Menschen auf dem Mond landeten. Es befindet sich rechts der Mondmitte, die Landestelle ist mit einem kleinen weißen Kreuz gekennzeichnet (s. Abb. oben).

Im Unterschied dazu sind die helleren Gebiete Hochebenen. Mit einem Fernglas können Sie in diesen Gebieten Krater erkennen. Bei einigen von ihnen sehen Sie auch das beim Einschlag strahlenförmig ausgeworfene Material, das sich weit über die Mondoberfläche erstreckt. Einer der hellsten Strahlenkrater ist Tycho, er befindet sich auf dem Mond unten links. Die Krater sind Zeugnis eines kosmischen Bombardements von Steinbrocken, das über Jahrmillionen auf den Mond niederging. Auch die Erde blieb davon nicht verschont: Das Nördlinger Ries und das Steinheimer Becken sind zwei eindrucksvolle Beispiele für irdische Einschlagkrater.

Beim Auf- oder Untergang erscheint der Mond am Horizont manchmal sehr groß. Wie ein riesiger Lampion hängt er dann am Himmel. Während er weiter nach oben steigt, verliert sich jedoch der Zauber. Vergleichen Sie die Größe des Mondes am Horizont und später hoch am Himmel einmal mit der Kuppe Ihres kleinen Fingers: Sie werden feststellen, dass der Mond in Wirklichkeit immer gleich groß oder besser gesagt immer gleich klein ist. Der riesige Lampionmond am Horizont ist eine optische Täuschung.

Übrigens: Bei Vollmond können auch Mondfinsternisse stattfinden. Dann ist die Beobachtung des Mondes mit einem Fernglas besonders eindrucksvoll. Die nächsten Mondfinsternisse finden statt am 3. März 2007, am 21. Februar 2008 und am 21. Dezember 2010.

„a“ wie *a*bnehmend

Ob der Mond zu- oder abnimmt, können Sie an seiner Form erkennen. Bilden seine Konturen ein „a“, so ist er abnehmend (Position 6 oder 7 in Abb. links unten), ist das „a“ spiegelverkehrt, ist der Mond zunehmend.

Beobachtungen kurz nach Neumond

Suchen Sie einmal wenige Tage nach Neumond die schmale zunehmende Mondsichel in der Abenddämmerung. Neben der hellen Sichel können Sie dann auch den dunklen Teil der Mondscheibe erahnen, er scheint die Sichel zur Scheibe zu vervollständigen. Man nennt dieses Phänomen das aschgraue Mondlicht. Auf dem Mond ist dann fast „Vollerde“, die Erde erleuchtet – wie bei uns der Vollmond – die dunkle Mondnacht (s. Foto S. 76/77).

Den Halbmond beobachten

Die Tage um Halbmond herum sind optimal, um den Mond mit dem Fernglas zu beobachten und übrigens auch der optimale Termin, um den Mond einmal in einer Volkssternwarte durch ein großes Fernrohr zu beobachten. Der zunehmende Halbmond steht zwischen Neu- und Vollmond hoch am Abendhimmel. Am eindrucksvollsten ist die Erkundung des Mondes jetzt entlang der geraden Halbmondseite: Dies ist die Grenze von der Tag- zur Nachtseite des Mondes, der so genannte Terminator. Die Mondstrukturen werfen hier lange Schatten und treten daher besonders deutlich hervor. Stützen Sie Ihre Arme auf, damit Sie mit dem Fernglas möglichst zitterfrei beobachten können. Dann werden Sie einige Krater und die dunklen Mondmeere erkennen und sogar Bergketten erahnen können. Auch auf dem äußeren Rand der Mondscheibe können Sie durch den Kontrast mit dem dunklen Himmel zahlreiche Details erkennen.

Die Planeten

Die Planeten sind die Geschwister der Erde, sie umkreisen wie die Erde unsere Sonne. Auch die Erde ist ein Planet, und um sie herum laufen die anderen Planeten auf engeren oder weiteren Bahnen. Insgesamt gibt es neun Planeten, von denen Sie Venus, Mars, Jupiter und Saturn gut beobachten können.

Wie Sie einen Planeten erkennen

Die Planeten wirken am Himmel auf den ersten Blick wie Sterne (s. großes Foto S. 83), sie sind daher nicht so einfach zu erkennen. Einige Planeten sind aber so hell, dass sie sofort auffallen. Wenn Sie die Sternbilder kennen, können Sie sie dann schnell als „Störenfriede" am Himmel ausmachen. Schon mit bloßem Auge können Sie bei genauem Hinsehen einen Unterschied zu den Sternen feststellen: Planeten funkeln – anders als die Sterne – kaum, sondern sie strahlen ein ruhiges Licht aus. Dies liegt daran, dass sie uns viel näher stehen als die unvorstellbar weit entfernten Sterne. Sterne sehen wir daher nur als Lichtpünktchen, und der Lichtstrahl, den sie aussenden, wird in den turbulenten Luftschichten unserer Erdatmosphäre hin und her geworfen. Planeten hingegen sind so nah, dass wir sie als kleine Kreise sehen, als Scheibchen. Von ihnen erreichen uns viele Lichtstrahlen, die als Ensemble ein ruhigeres Licht erzeugen. Achten Sie einmal auf das ruhige Strahlen, wenn Sie einen hellen Planeten gefunden haben.

Wenn Sie Planeten über einen längeren Zeitraum beobachten, fällt noch ein weiterer Unterschied zu den Sternen deutlich auf: Planeten bewegen sich im Laufe von Tagen, Wochen oder Monaten vor den Sternbildern des Fixsternhimmels. Dies hatten schon die alten Griechen entdeckt, die ihnen deswegen den Namen Planeten gaben, was übersetzt Wandelsterne bedeutet. Der Grund für die Wanderung der Planeten am Himmel ist ihre Bewegung um die Sonne, durch die sie vor den fernen Sternbildern an immer anderen Orten stehen. Daher kann man für die Planeten auch keine länger gültigen Positionskarten zeichnen, wie das für die unveränderlichen Sterne und Sternbilder möglich ist. Ihr Ort am Himmel ändert sich permanent. Manchmal sind sie auch wochenlang gar nicht zu sehen, wenn sie hinter der Sonne verschwinden.

Eine Tatsache erleichtert das Aufsuchen von Planeten aber erheblich: Die Planeten stehen – wenn sie am Himmel stehen – immer nur vor ganz bestimmten Sternbildern, den Tierkreissternbildern. Warum dies so ist, finden Sie auf S. 88.

Die Positionen der Planeten am Himmel können Sie in astronomischen Jahrbüchern, Zeitschriften oder auch in den Beilageheften zu drehbaren Sternkarten nachschlagen.

Und es gibt noch etwas, das Planeten von Sternen unterscheidet, was Sie aber nicht direkt sehen können: Die Planeten leuchten nicht selbst, sondern sie werden von der Sonne angestrahlt und reflektieren nur deren Licht. Die Sterne dagegen leuchten alle selbst, sie sind Sonnen wie unsere eigene Sonne.

Besonders leicht zu erkennen sind vor allem Venus und Jupiter, manchmal auch der etwas schwächere Saturn und der rötliche Mars. In der Reihenfolge ihrer Auffälligkeit stellen wir Ihnen die Planeten nun vor.

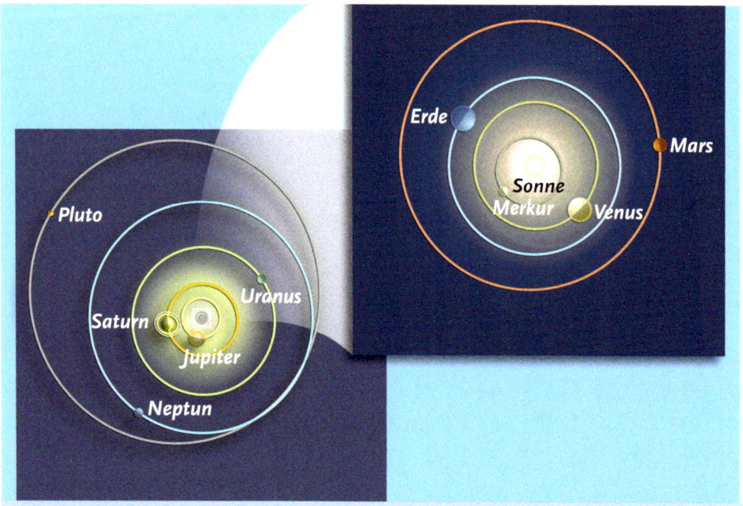

Das innere Planetensystem umfasst vier Planeten (rechts), das äußere fünf (links).

Venus

Wenn die Venus am Abendhimmel steht, ist sie nicht zu übersehen. Sie werden sie sofort erkennen, denn sie ist dann der hellste „Stern" am ganzen Himmel. Die Venus ist allerdings niemals die ganze Nacht über zu sehen, sondern immer nur einige Stunden nach Sonnenuntergang am Abendhimmel oder vor Sonnenaufgang am Morgenhimmel. Strahlt sie morgens vor der Sonne vom Morgenhimmel, bezeichnet man sie als „Morgenstern", füllt sie den Abendhimmel noch einige Stunden nach Sonnenunter-

Die Venusphasen

Beobachten Sie die Venus auch ab und zu mit einem Fernglas: Sie können dann sehen, dass sie ihren Durchmesser verändert, denn die Venus erscheint mal sichelförmig und mal rundlich, ähnlich wie unser Mond.

gang mit ihrem Glanz, so bezeichnet man sie als „Abendstern". Im Laufe eines Jahres ist sie jeweils für mehrere Monate morgens oder abends am Himmel zu sehen.
Venus ist der innere Nachbarplanet unserer Erde. Ein Lichtstrahl von ihr zu uns benötigt schon mehrere Minuten „Reisezeit". Für einen Sonnenumlauf braucht die Venus siebeneinhalb Monate. Ihre Bahn verläuft ganz innerhalb der Erdbahn, daher kann sie sich niemals sehr weit von der Sonne entfernen.

Im Fernrohr erscheint die Venus ab und zu sichelförmig.

Venus wird oft als der Schwesterplanet der Erde bezeichnet, sie ist fast gleich groß – aber bei genauerer Betrachtung nicht besonders wirtlich: Fast 500 Grad Oberflächentemperatur und etwa 90facher Atmosphärendruck, dazu noch saurer Regen, machen sie völlig lebensfeindlich.

Jupiter

Auch Jupiter ist ein sehr auffälliger Planet: Als heller, ruhig leuchtender weißer Lichtpunkt ist er am Himmel schnell zu finden. Viele Monate lang steht er am Nachthimmel, nur wenn er von der Erde aus gesehen langsam hinter der Sonne verschwindet, ist er für einige Wochen nicht beobachtbar.
Jupiter birgt eine kleine Attraktion: Schon im Fernglas können Sie seine vier größten Monde leicht erkennen, die wie an einer Perlenschnur aufgereiht wirken. Wie der Erdmond die Erde umkreist, so umkreisen sie den Jupiter. Sie benötigen dafür aber keinen Monat wie unser Erdmond, sondern flitzen innerhalb weniger Tage um Jupiter herum. Das Wechselspiel ihrer gegenseitigen Stellungen können Sie daher im Laufe von mehreren Abenden im Fernglas einfach verfolgen. Diese vier Monde heißen die „Galileischen Monde", da Galileo Galilei sie als Erster entdeckte und beobachtete.
Jupiter ist der bei weitem größte Planet in unserem Sonnensystem. Er ist daher auch nach dem römischen Göttervater Jupiter benannt, das Pendant zum griechischen Zeus. Innerhalb von knapp zwölf Jahren kreist Jupiter einmal um die Sonne. Damit bewegt er sich relativ langsam durch die Tierkreissternbilder, im Laufe eines Jahres wandert er nur etwa ein Sternbild weiter. Jupiter ist viel weiter entfernt als die Venus, ein Lichtstrahl von Jupiter zur Erde benötigt etwa 40 Minuten. Sie blicken damit schon in die jüngere Vergangenheit, wenn Sie Jupiter beobachten.
Jupiter ist ein so genannter „Gasriese", ein Planet ohne feste Oberfläche. Seine Gasatmosphäre besteht im Wesentlichen aus Wasserstoff und Helium, den Elementen, aus denen auch die Sonne hauptsächlich besteht. Auch auf Jupiter gibt es kein Leben, und selbst Vampire haben es dort vermutlich schwer: Die Forscher haben nämlich festgestellt, dass es auf Jupiter Phosphin gibt, eine Substanz, die stark nach Knoblauch riecht.

Im Fernrohr erkennen Sie Jupiters farbige Wolkenstreifen.

Saturn

Der Planet Saturn wirkt am Himmel wie ein hellerer Fixstern. Er strahlt ein ruhiges, gelblich weißes Licht aus. Wenn Sie wissen, in welchem Sternbild er sich gerade befindet, können

Jupiter im Fernrohr

Besuchen Sie einmal eine Volkssternwarte und betrachten Sie Jupiter durch ein Fernrohr: Sie können dann die Wolkenstrukturen in seiner äußersten Gasatmosphäre erkennen. Als helle und dunkle Bänder sind sie leicht zu sehen.

In einem Fernrohr bietet Saturn mit seinem unvergleichlichen Ring einen fantastischen Anblick.

Die rote Färbung und die weißen Polkappen von Mars treten in einem Fernrohr deutlich hervor.

Sie ihn recht schnell als „Störenfried" in diesem Sternbild identifizieren. Saturn ist ebenso wie Jupiter viele Monate hintereinander beobachtbar, nur wenn er von der Erde aus gesehen hinter die Sonne rückt, verschwindet er für einige Wochen vom Nachthimmel.

Saturn ist der entfernteste Planet, den Sie mit bloßem Auge noch sehen können. Sein Licht benötigt etwa 80 Minuten zur Erde. 30 Jahre braucht er für eine Umrundung der Sonne, Saturn ist also über mehrere Jahre im selben Tierkreissternbild zu finden. Aufgrund seiner großen Entfernung ist sein einzigartiges Ringsystem allerdings erst durch ein Fernrohr zu erkennen.

Saturn ist ebenso wie Jupiter ein Gasplanet ohne feste Oberfläche. Er hat eine so geringe Dichte, dass er – in ein großes Meer geworfen – schwimmen würde wie ein Eiswürfel.

Mars

Ist der Planet Mars am Nachthimmel zu finden, kann er so hell werden wie der Riesenplanet Jupiter. Dann können Sie ihn leicht finden, er strahlt ein ruhiges, deutlich rötliches Licht aus. Jedoch ist dies nur etwa alle zweieinhalb Jahre der Fall, und nicht jedesmal wird Mars gleich hell, deswegen wird er erst an dieser Stelle aufgeführt. Zwischen diesen hellen Phasen wird aus ihm ein unauffälliges „Sternchen", bis er sich für mehrere Monate ganz hinter die Sonne verzieht.

Mars wurde aufgrund seiner rötlichen Farbe nach dem römischen Kriegsgott benannt. Er ist der äußere Nachbarplanet der Erde, sein Licht benötigt, wie das der Venus, einige Minuten zur Erde. Für einen Sonnenumlauf braucht er etwa zwei Jahre, er saust damit ziemlich schnell durch die Tierkreissternbilder: Innerhalb weniger Wochen kann er das Sternbild wechseln.

Mars ist ein erdähnlicher Planet. Er ist etwa halb so groß wie die Erde und besitzt eine feste, rostrote Oberfläche, die zu seiner rötlichen Färbung führt.

Den Saturnring beobachten

Den Saturnring können Sie mit einem Fernrohr ab 30facher Vergrößerung beobachten. Im großen Fernrohr einer Volkssternwarte bietet er einen fantastischen und unvergesslichen Anblick.

Merkur

Merkur am Himmel zu erwischen stellt eine gewisse Herausforderung dar, daher wird er in unserer Planetenauflistung erst hier erwähnt. Sogar der große Nikolaus Kopernikus soll auf seinem Totenbett bedauert haben, Merkur nie gesehen zu haben. Wenn überhaupt, können Sie Merkur nur kurz vor Sonnenaufgang oder kurz nach Sonnenuntergang als gelbliches „Sternchen" finden, und dann auch nur maximal eine Stunde lang, danach wird er von der Tageshelligkeit überstrahlt oder ist bereits untergegangen. Da er höchstens in der Dämmerung zu sehen ist, wirkt er nie besonders hell. Merkur ist aber nicht jeden Morgen und Abend zu sehen,

Auf diesem Bild sind alle mit bloßem Auge sichtbaren Planeten zu sehen: Der helle Punkt oben links ist Jupiter, derjenige nahe dem Horizont Venus. Die beiden helleren „Sterne" links über ihr sind Mars (rechts) und Saturn (links). Rechts unterhalb von Venus ist Merkur zu erkennen.

sondern nur etwa zweimal im Jahr, jeweils ein bis zwei Wochen lang.
Merkur ist der sonnennächste, innerste Planet, daher kann er sich von der Sonne nie weit entfernen und steht niemals nachts am Himmel. **Achtung**: Vermeiden Sie daher beim Aufsuchen unbedingt, versehentlich in die Sonne zu sehen, erst recht mit einem Fernglas. Sie könnten erblinden!
Merkurs Licht benötigt zur Erde einige Minuten. In nur 88 Tagen läuft er einmal um die Sonne, er ist damit der flinkste Planet von allen. Das hat ihm den Namen des römischen Götterboten eingebracht, der auf seinen geflügelten Schuhen umhereilte. Aufgrund seiner Nähe zur Sonne ist der Planet Merkur eine heiße, tote Gesteinskugel.

Die äußersten Planeten **Uranus, Neptun** und **Pluto** sind so weit von der Erde entfernt, dass sie mit bloßem Auge nicht zu beobachten sind.

Die Reihenfolge der Planeten

Sie können sich die Reihenfolge der Planeten von der Sonne aus mit dem folgenden Spruch merken: „Mein Vater erklärt mir jeden Sonntag unsere neun Planeten." Die Anfangsbuchstaben der Wörter entsprechen jeweils den Anfangsbuchstaben der Planetennamen: Merkur, Venus, Erde, Mars, Jupiter, Saturn, Uranus, Neptun, Pluto.

Kometen, Sternschnuppen & Satelliten

Außer den Gestirnen, die regelmäßig und vorhersagbar am Himmel zu sehen sind – wie Sterne, Mond und Planeten – gibt es auch Leuchterscheinungen, die nur über kurze Zeit und zum Teil völlig unerwartet auftreten. Sie zu beobachten, ist besonders spannend.

Helle Kometen sind Glücksfälle

Kometen können sehr beeindruckende Schauspiele bieten. Zum Teil können sie sehr hell werden und wochenlang auffällig am Himmel stehen. Vielleicht erinnern Sie sich an den hellen Kometen Hale-Bopp, der im Frühjahr 1997 mit seinem langen Schweif sehr auffällig und mit bloßem Auge deutlich sichtbar am Abendhimmel stand (s. Foto unten). Meist sind Kometen jedoch nicht so auffällig und auch nur kurz zu sehen. Mit einem Fernglas wirken sie wie neblige Fleckchen am Himmel.

Kometen sind im Grunde nichts Seltenes, ständig finden sich einige von ihnen am Himmel. Etliche treten periodisch in bestimmten Zeitabständen immer wieder auf, ihr Erscheinen am Himmel ist damit vorhersagbar. Der bekannteste von ihnen ist der Halleysche Komet, dessen Wiederkehr alle 76 Jahre von Sir Edmond Halley im 18. Jahrhundert vorhergesagt wurde. Er stand das letzte Mal 1986 am Himmel und wird im Jahr 2062 wiederkehren.

Der Komet Hale-Bopp im Frühjahr 1997 war ein besonders heller Komet. Über mehrere Wochen stand er gut sichtbar am Himmel.

Sternschnuppen beobachten

Mitte August und Mitte November können Sie jedes Jahr besonders viele Sternschnuppen beobachten. Dann sind die Sternschnuppenströme der Perseïden beziehungsweise der Leoniden zu sehen.

Periodische Kometen werden aber bei jedem Auftreten schwächer. Sie bieten daher im Allgemeinen keinen besonders spektakulären Anblick. Am beeindruckendsten sind nicht-periodische Kometen, deren Auftreten und Helligkeit am Himmel aber nicht lange im Voraus vorherzusagen ist. Auch Hale-Bopp kündigte sich erst einige Monate vor seinem spektakulären Schauspiel an, und fast niemand glaubte anfangs, dass er so hell werden würde.

Kometen sind „schmutzige Schneebälle" aus den fernen Tiefen unseres Sonnensystems, die auf lang gestreckten Bahnen um die Sonne ziehen und von der Erde aus erst sichtbar werden, wenn sie sich der Sonne nähern. Ein Komet besteht aus Eis, das mit Staub und Gesteinsbrocken durchsetzt ist. In Sonnennähe beginnt das Eis zu verdampfen, und der Komet bildet einen Schweif aus, der viele Millionen Kilometer lang werden kann. Bei genauer Betrachtung sind es sogar zwei: ein Gasschweif, der kerzengerade von der Sonne weggerichtet ist, und ein leicht gekrümmter Staubschweif (s. Foto links). Wer weiß, vielleicht ist der nächste große Komet gar nicht mehr fern, seien Sie wachsam!

Jeden Abend gibt es Sternschnuppen

Sternschnuppen können Sie im Prinzip jeden Abend beobachten. Jede Nacht glüht hin und wieder kurzzeitig eine Leuchtspur am Himmel auf, in seltenen Fällen können Sie sogar auch eine Rauchfahne sehen oder ein Knallgeräusch hören. Meist werden Sie eine Sternschnuppe zufällig erhaschen, wenn Sie hingegen gezielt darauf warten, müssen Sie ein wenig Geduld mitbringen – ohne Sicherheit auf Erfolg.

Zu bestimmten Zeiten im Jahr treten Sternschnuppen allerdings gehäuft auf – die Wahrscheinlichkeit, eine zu beobachten, ist dann am größten. Dies sind die so genannten Sternschnuppenströme, die bekanntesten sind die Perseïden und

Die Sternschnuppen der Perseïden scheinen von einem Punkt im Perseus auszugehen.

die Leoniden (s. Kasten links). Aber auch während eines Sternschnuppenstroms ist der Himmel nicht voller Leuchtspuren, sondern Sie müssen ein wenig Geduld mitbringen und abwarten. Die Vorhersagen in den Nachrichten über die Sternschnuppenzahl pro Stunde sind nur Mittelwerte, Sie können auch mal eine Viertelstunde lang gar nichts sehen. Daher: Geben Sie nicht zu früh auf, Ihr Warten wird bestimmt belohnt.

Was sind nun Sternschnuppen? Sternschnuppen werden durch kleine Staubteilchen aus dem Weltraum erzeugt, die mit hoher Geschwindigkeit in unsere Erdatmosphäre eindringen, abgebremst werden und dabei verglühen. Durch die Reibung wird die Luft um sie herum so stark erhitzt, dass sie kurzzeitig aufglüht – das ist das Leuchten, das Sie sehen.

Die Staubteilchen im All sind häufig Überreste periodischer Kometen, die bei jeder Annäherung an die Sonne immer wieder Staubpartikel verlieren, die sich allmählich entlang ihrer Bahn verteilen. Kreuzt die Erde nun eine solche Kometenbahn, rast sie in die Staubspur hinein, und es kommt vermehrt zu „Kollisionen". Dies verursacht die Sternschnuppenströme. Sternschnuppen haben also nichts mit Sternen zu tun, sie sind lediglich die Hinterlassenschaft eines Kometen!

Übrigens: Verlängern Sie in Gedanken einmal die Leuchtspuren der Sternschnuppen eines Sternschnuppenstromes nach hinten: Sie werden feststellen, dass sie alle von einem Punkt auszugehen scheinen. Dies ist der so genannte Radiant. Bei den Perseïden steht er im Sternbild Perseus (s. Abb. oben), bei den Leoniden im Sternbild Löwe – daher haben die Ströme ihre Namen. Der Radiant ist jedoch eine optische Täuschung. Die Situation ist die gleiche wie bei einer Autofahrt durch Schneegestöber, bei der alle Schneeflocken von einem Punkt vor Ihnen auszugehen scheinen.

Satelliten beobachten

Heutzutage kreisen jede Menge künstliche Satelliten um die Erde. Schauen Sie einfach einmal eine Weile lang in den Nachthimmel: Mit ziemlicher Sicherheit werden Sie mindestens einen lautlos dahin ziehenden hellen Punkt am Himmel

Ein heller Iridium-Blitz über einem Hausdach mit mehreren Satellitenschüsseln.

erwischen – nicht zu verwechseln mit einem Flugzeug, das meist blinkt.

Der bekannteste und größte künstliche Himmelskörper ist zurzeit die Internationale Raumstation (ISS). Sie zu beobachten ist sehr eindrucksvoll: Innerhalb von rund fünf Minuten zieht sie als heller Punkt über den Himmel. Die ISS kann etwa eine Helligkeit wie Jupiter oder Venus erreichen, sie ist dann für kurze Zeit ein sehr auffälliges Objekt am Himmel und leicht zu erkennen. Die Zeiten, wann die Internationale Raumstation über einem bestimmten Ort zu sehen ist, variieren stark. Sie können sie für Ihren Beobachtungsort im Internet abfragen (s. Kasten unten).

Ein besonders spannendes Beobachtungsvergnügen bieten auch die so genannten Iridium-Blitze. Dabei handelt es sich um die Satelliten einer Mobilfunkgesellschaft, die auf ihrer Außenseite eine große spiegelnde Fläche besitzen. Je nach ihrer Stellung zu Sonne und Erde werden damit kurzzeitig Sonnenstrahlen auf die Nachtseite der Erde gelenkt. Bei der Beobachtung scheint sich zunächst nur ein kleines Satellitenpünktchen zu nähern. Dieses wird dann aber innerhalb von Sekunden strahlend hell, oftmals noch sehr viel heller als die Venus. Sie sehen also eine Art langsamen Blitz, ein kurzes Aufleuchten, daher der Name. Wann Sie über Ihrem Beobachtungsort Iridium-Blitze sehen können, erfahren Sie ebenso im Internet (s. Kasten).

Wann ist die ISS zu sehen?

Die Zeiten, zu denen die Internationale Raumstation über einem bestimmten Ort zu sehen ist, können Sie im Internet unter http://www.heavens-above.com *in Erfahrung bringen. Auch über die Zeitpunkte der nächsten Iridium-Blitze können Sie sich hier informieren.*

Die Milchstraße

An einem dunklen Ort die Milchstraße zu beobachten, ist ein überwältigendes Erlebnis. Sie wirkt mit bloßem Auge wie eine helle Wolke am Himmel, mit einem Fernglas offenbaren sich Myriaden von Sternen. Was Sie hier sehen, ist das Sternengewimmel unserer eigenen Heimatgalaxie.

Das Band der Milchstraße verfolgen

Wenn Sie die Milchstraße erkennen möchten, müssen Sie von einem wirklich dunklen Beobachtungsort aus beobachten. Dann ist sie leicht zu finden, als helle „Wolke" steht sie am Himmel. Im Sommer müssen Sie allerdings bis gegen Mitternacht warten, ehe es dunkel genug ist. Und schon der Schein einer Straßenlampe in der Nähe führt dazu, dass die Milchstraße in der Helligkeit versinkt. Sie können die Milchstraße also nur von ländlichen Gegenden aus beobachten. Aber auch dort müssen Sie sich zunächst einen Moment gedulden: Ihr Auge muss sich etwa 15 Minuten an die Dunkelheit gewöhnen, bevor Sie die Aufhellungen am Himmel wahrnehmen können.

Im Sommer zieht die Milchstraße von Süden nach Norden quer über den ganzen Himmel. Am besten suchen Sie zunächst das Sternbild Schwan auf, das dann hoch über Ihrem Kopf steht, fast im Zenit (s. Abb. rechts). Nun sind Sie quasi schon mittendrin: Genau in Flugrichtung des Schwans (mit dem langen Hals voran) verläuft die Milchstraße durch das Sternbild Adler, um dann im Sternbild Schütze hinter dem Südhorizont zu verschwinden. Verfolgen Sie das Band vom Schwan aus zur anderen Seite, Richtung Norden, so zieht es durch die Sternbilder Kassiopeia und Perseus. Bei Kapella, dem hellsten Stern im Fuhrmann versinkt es hinter dem Nordhorizont.

Auch im Winter können Sie die Milchstraße beobachten, allerdings ist der Teil, den Sie nun sehen, nicht so hell wie die Sommermilchstraße. Sie finden die Milchstraße im Winter am einfachsten, indem Sie den hellsten Stern des Himmels als Wegweiser nehmen: Sirius im Großen Hund (s. Abb. rechte Seite unten). Sirius steht nah am Südhorizont und liegt am rechten Rand der Milchstraße. Von dort aus steigt sie hoch in den Himmel hinauf. Zwischen Beteigeuze im Orion und Prokyon im Kleinen Hund erhebt sie sich und durchläuft den „Fußteil" der Zwillinge, bis sie im Zenit den Fuhrmann mit der hellen Kapella erreicht. Drehen Sie sich nun um und verfolgen die Milchstraße weiter bis zum Nordhorizont. Das Sternbild Kassiopeia ist der Wegweiser, es liegt mitten in dem hellen Band. Bei Deneb, dem hellsten Stern im Schwan versinkt die Wintermilchstraße hinter dem Nordhorizont.

Im Herbst verläuft die Milchstraße von Ost nach West, leicht

Die Milchstraße im oberen Teil des Sternbildes Schwan. Mit einem Fernglas sehen Sie hier Myriaden von einzelnen Sternen.

Die Sommermilchstraße läuft durch die Sternbilder Schwan, Adler und Schütze.

Die Sterne der Milchstraße

Betrachten Sie die Milchstraße einmal durch ein Fernglas. Sie werden erkennen, dass die „Wolke" am Himmel in Wirklichkeit eine Sternwolke ist, die aus unzähligen Einzelsternen besteht.

zu finden über Kapella im Fuhrmann im Osten, dem Sternbild Kassiopeia im Zenit und dem Schwan im Westen. Lediglich das Frühjahr ist keine gute Jahreszeit, um die Milchstraße zu beobachten: Dann steht sie nur sehr tief am Himmel und verläuft unmittelbar am Horizont, wo meist Dunst und Lichtaufhellungen durch benachbarte Ortschaften das zarte Band verschwinden lassen.

Was ist die Milchstraße?

Ihren Namen gaben ihr die Griechen wegen ihres milchig nebligen Aussehens. Sie dichteten auch eine Legende um diese mysteriöse helle Spur: Eines Nachts sollte demnach der Göttervater Zeus seiner schlafenden Gemahlin Hera seinen

Die Sonne mit ihrem Planetensystem und unserer Erde liegt in einem der äußeren Spiralarme der Milchstraße.

unehelichen Sohn Herkules an die Brust gelegt haben. Das Kind saugte so heftig, dass Hera erwachte und es empört von sich stieß. Dabei spritzte die Milch über den ganzen Himmel. Nach dem griechischen Wort für „Milch" wird die Milchstraße daher auch „Galaxis" genannt.

Seit fast 100 Jahren kennt man auch andere Galaxien im Universum. Man geht daher davon aus, dass unsere Milchstraße eine Spiralgalaxie ist, wie es sie noch unzählige andere im Weltall gibt. Um ihr helles, kugelförmiges Zentrum winden sich flache Spiralarme aus Sternen, Gas und Staub nach außen. Am Rande eines der äußeren Spiralarme befinden wir uns mit unserer Sonne und dem Planetensystem (s. Abb. oben). Leider können wir unsere Galaxie nicht „von außen" betrachten, da wir selber mittendrin stecken. Ihre Spiralform ist daher von uns aus nicht zu erkennen, wir blicken nur von innen auf die benachbarten Spiralarme.

In Richtung des Sternbildes Schütze schauen wir zum Zentrum unserer Milchstraße. Dort befindet sich der besonders helle und dicke kugelförmige Bereich. Diese Region ist im Sommer sichtbar, daher ist die Sommermilchstraße besonders hell. Bei uns liegt dieser Bereich aber immer sehr nah am Horizont, daher ist er nicht sehr gut zu erkennen. Beobachten Sie den Schützen auf jeden Fall auch einmal, wenn Sie Richtung Süden in Urlaub fahren. Dort steht er höher am Himmel und ist fantastisch zu beobachten. Aber auch weiter im Süden können Sie keinen direkten Blick auf das Zentrum der Milchstraße werfen, es ist versperrt durch dunkle Staubwolken zwischen den Sternen.

Im Winterhalbjahr blicken wir vom Zentrum weg nach außen, in die Randbezirke unserer Galaxie, daher ist die Wintermilchstraße nicht so hell. Schauen Sie am Himmel in die Regionen ohne Milchstraße, so sehen Sie aus der Ebene unserer Milchstraße hinaus in das tiefe All. Alle Sterne aber, die Sie mit bloßem Auge am Himmel sehen können, gehören noch zu unserer eigenen Milchstraße.

Im Winter läuft die Milchstraße durch den Großen Hund, vorbei an der rötlichen Beteigeuze im Orion bis hin zu Kapella im Fuhrmann.

Die Tierkreissternbilder

Die Tierkreissternbilder sind besondere Sternbilder. Sie sind eng verknüpft mit unseren Jahreszeiten und mit Sonne, Mond und den Planeten. Ihnen kommt daher sowohl in der Astronomie, der Wissenschaft von den Sternen, als auch in der Astrologie mit ihren Horoskopen eine wichtige Bedeutung zu.

Was sind Tierkreissternbilder?

Innerhalb eines Jahres läuft die Erde um die Sonne. Da wir diese Erdbewegung aber nicht merken, scheint für uns die Sonne einmal im Jahr auf einer Bahn durch die Sternbilder zu ziehen. Jedes Jahr durchquert sie so immer wieder dieselben Sternbilder, die so genannten Tierkreissternbilder (s. Abb. unten).

Insgesamt gibt es 13 Tierkreissternbilder: Fische, Widder, Stier, Zwillinge, Krebs, Löwe, Jungfrau, Waage, Skorpion, Schlangenträger, Schütze, Steinbock, Wassermann. Ihren Namen haben sie daher, weil die meisten dieser Sternbilder von den Völkern der Antike mit Tiernamen versehen wurden. Alle Tierkreissternbilder zusammen genommen bilden den Tierkreis, er ist ein Kreis oder Gürtel am Himmel, in dessen Mittelpunkt die Sonne steht. Auch der Mond und die Planeten bewegen sich durch den Tierkreis. Da sie alle in einer Ebene um die Sonne kreisen, bewegen auch sie sich nur in dieser schmalen Zone am Himmel. Wenn Sie also den Mond oder einen Planeten gefunden haben, befindet er sich immer in einem Tierkreissternbild. Der Mond allerdings ist sehr hell und überstrahlt meist die Sterne in seiner Umgebung. Die Planeten können jedoch als Aufsuchhilfe für ein Tierkreissternbild dienen – Sie dürfen sich nur nicht durch den hellen Planetenpunkt selbst irritieren lassen.

Die Tierkreissternbilder beobachten

Zu jeder Jahreszeit können Sie am Nachthimmel etliche Tierkreissternbilder beobachten, allerdings niemals alle gleichzeitig. Am einfachsten zu finden und zu erkennen sind im

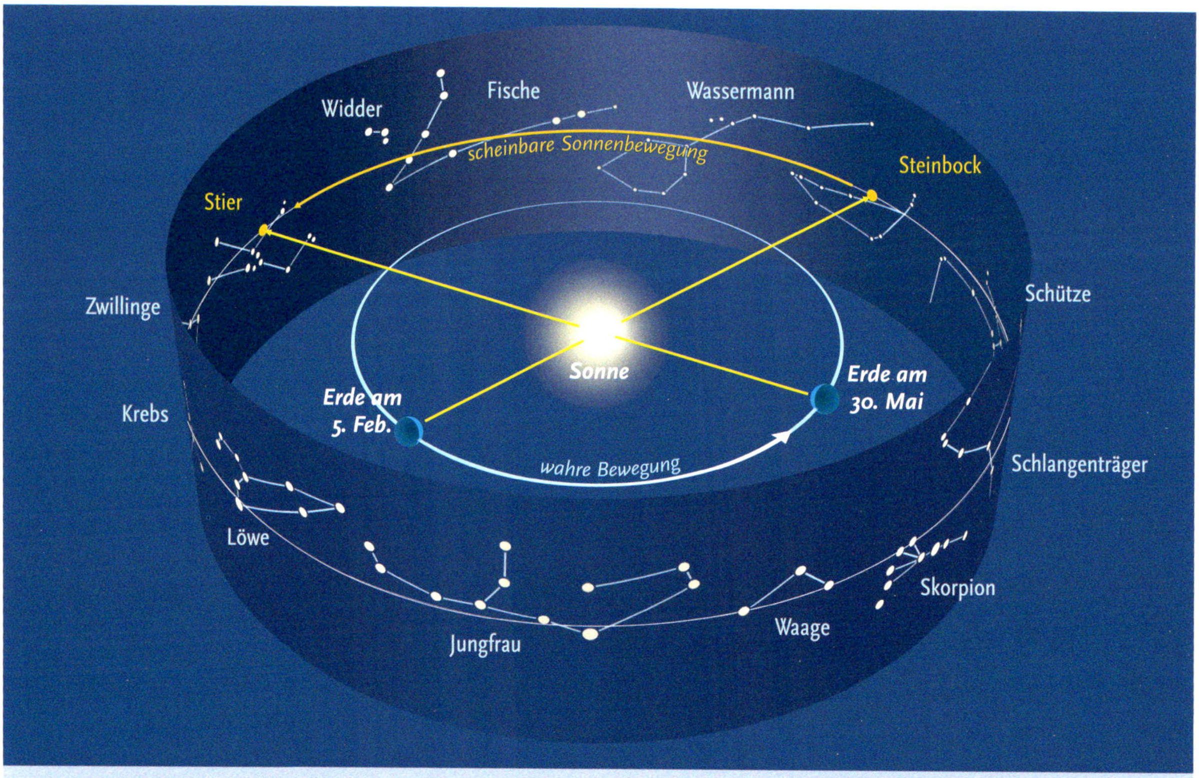

Von der Erde aus betrachtet zieht die Sonne am Himmel jedes Jahr durch die gleichen Sternbilder, die Tierkreissternbilder. Am 5. Februar steht sie zum Beispiel im Steinbock, am 30. Mai ist sie im Stier zu finden. Diese Sternbilder sind dann am Abendhimmel nicht zu sehen.

Wann sind sie zu sehen?

Frühling	*Sommer*	*Herbst*	*Winter*
Löwe, S.20	***Skorpion, S.34***	*Wassermann*	***Stier, S.62***
Jungfrau, S.24	*Schlangen*	*Fische*	***Zwillinge, S.70***
Waage	*-träger*	***Widder, S.58***	***Krebs, S.74***
	Schütze, S.38		
	Steinbock		

Frühjahr der Löwe und im Winter Stier und Zwillinge. Die restlichen Tierkreissternbilder sind nicht sehr auffällig oder stehen bei uns immer nur knapp über dem Horizont – wie im Sommer zum Beispiel der Skorpion und der Schütze. Wann Sie welches Tierkreissternbild am Himmel beobachten können und welche in diesem Buch auf welcher Seite beschrieben sind, finden Sie oben in der Tabelle.
Die Tierkreissternbilder sind auch Wegmarken für unsere Jahreszeiten: Jedes Jahr steht die Sonne zu Frühlingsbeginn in den Fischen, zu Sommerbeginn im Stier, am Herbstanfang in der Jungfrau und zu Winterbeginn im Schützen. Diese Sternbilder sind dann allerdings gerade nicht zu beobachten, sondern sie stehen mit der Sonne am Taghimmel und werden von ihr völlig überstrahlt. Beobachten können Sie nachts dann vielmehr die „gegenüberliegenden" Sternbilder auf der anderen Seite des Tierkreises. Daher können Sie an Ihrem Geburtstag auch niemals Ihr eigenes Sternbild beobachten, denn dann steht die Sonne darin – am besten versuchen Sie es ein halbes Jahr früher oder später.

Tierkreissternbild oder Tierkreiszeichen?

Die Tierkreissternbilder haben Sie gerade kennen gelernt, was sind nun aber Tierkreiszeichen? Diesen Begriff gibt es heute nur noch in der Astrologie, der Sterndeuterei. Als die Astronomen der Antike den Himmel beobachteten, sah er

Im Stier ist der rötliche Hauptstern Aldebaran besonders hell. Er steht vor dem Sternhaufen der Hyaden, rechts oben stehen die Plejaden.

noch ein wenig anders aus als heute. Damals stand die Sonne zu Frühlingsbeginn nicht im Sternbild Fische, sondern im Sternbild Widder. Der Frühlingspunkt heißt deswegen auch heute noch „Widder-Punkt". Auch einen Polarstern gab es damals nicht, der heutige Polarstern stand an einer anderen Stelle des Himmels und war kein ruhender Pol.
Die Ursache für diese Veränderungen am Himmel ist ein sehr langfristiges Kreiseln der Erdachse, sie steht nicht starr im Raum, sondern ändert permanent ihre Lage. Daher scheinen sich die Sternbilder um uns herum ganz langsam zu verschieben, und der Himmelsanblick der alten Griechen stimmt nicht mehr mit dem heutigen überein. Die Griechen teilten den Tierkreis damals in zwölf gleich lange Abschnitte ein, die zwölf Tierkreiszeichen. Den Schlangenträger ließen sie dabei außen vor, er wurde erst in modernen Zeiten durch eine Neudefinition der Sternbilder zum Tierkreissternbild. Tierkreiszeichen und Tierkreissternbilder sind durch das Kreiseln der Erdachse aber inzwischen um genau ein Sternbild verschoben. Daher werden die Tierkreiszeichen heute in der Astronomie nicht mehr verwendet, nur in der Astrologie dienen sie noch zum Erstellen von Horoskopen. Einen exakten Bezug zum tatsächlichen Sternenhimmel haben sie aber heute nicht mehr, daher haben Horoskope schon allein aus diesem Grunde eine eher fragwürdige Aussagekraft. Den Ausdruck „Sternzeichen" gibt es in der Astronomie übrigens gar nicht, er ist eine Erfindung der Astrologen und setzt sich aus den Begriffen Sternbild und Tierkreiszeichen zusammen.

Das Tierkreissternbild Skorpion. Auf dieser Aufnahme fallen die Farben der Sterne besonders auf.

The Age of Aquarius

In etwa 2500 Jahren wird die Sonne zu Frühlingsbeginn im Sternbild Wassermann stehen. Dann beginnt das durch das Musical „Hair" bekannt gewordene Zeitalter des Wassermanns, „The Age of Aquarius". So gesehen leben wir heute im Zeitalter der Fische.

Nützliche Tipps

Volkssternwarten, Planetarien & Lesetipps

In einer Volkssternwarte können Sie den Sternenhimmel durch ein großes Fernrohr betrachten. Dazu muss das Wetter gut sein, und Sie sollten sich warm anziehen. Ein Planetarium hingegen ist eine Art Kino: Dort erfahren Sie in einer großen Multimedia-Vorführung etwas über die Gestirne am Himmel.

In Volkssternwarten werden regelmäßig Führungsabende unter freiem Himmel veranstaltet und die schönsten Himmelsobjekte der Jahreszeit durch ein Fernrohr gezeigt. Fragen Sie Ihre Sternwarte vor Ort nach den Führungszeiten und gehen Sie unbedingt einmal hin – Sie werden staunen, wenn Sie Ihre Lieblingsobjekte einmal durch ein großes Fernrohr betrachten können!
In ein Planetarium können Sie hingegen auch bei schlechtem Wetter und mitten am Tag gehen: Hier erzeugt ein Projektor einen künstlichen Sternenhimmel an einer großen Kuppel. Eine spannende Multimedia-Show mit vielen Effekten erläutert die Abläufe am Sternenhimmel und sorgt für gute Unterhaltung.

Volkssternwarten

Volkssternwarten gibt es im deutschsprachigen Raum in folgenden Städten:

Aachen, Aalen, Albstadt, Altenburg, Amberg, Arnstadt-Espenfeld, Aschersleben, Augsburg
Bad Driburg, Bad Dürkheim, Bad Homburg, Bad Mergentheim, Bad Salzuflen, Bad Salzschlirf, Bad Sauerbrunn, Bad Zwesten, Basel, Bautzen, Bentheim, Berlin, Bielefeld, Bietigheim-Bissingen, Bonn, Bozen, Braunschweig, Buchloe, Bülach, Buxtehude
Diedorf, Donzdorf, Dortmund, Drebach, Duisburg, Durmersheim
Egloffstein, Eisenstadt, Erkrath, Eschwege, Essen
Frankfurt/Main, Freiburg, Fulda, Fuldatal
Germering, Glücksburg, Gmunden, Görlitz, Gondelsheim, Göttingen, Gröbenzell, Gudensberg
Hagen, Halberstadt, Hamburg, Hannover, Hardheim, Hattingen, Helmstedt, Heilbronn, Heppenheim, Heringsdorf, Herzberg, Hildesheim, Hof, Hofheim, Hückelhoven
Ilsede, Ingolstadt
Jena
Karlsruhe, Kassel, Kehlheim, Kempten, Kiel, Kleve, Köln, Königsleiten, Krauschwitz, Krefeld, Kreuzlingen, Kulmbach
Laufen, Lemgo, Leonberg, Lilienthal, Linz, Lohr, Lübeck, Lustenau, Luxembourg
Mainz, Marburg, Mönchengladbach, Moers, Monschau, Münster
Nettetal, Neumarkt, Neumünster, Nohfelden-Eiweiler, Nordenham, Norderney, Norderstedt, Nürnberg, Nürtingen
Oberkochen, Oldenburg, Ottobeuren
Paderborn, Papenburg, Passau, Pforzheim, Potsdam
Regensburg, Reutlingen, Rodewisch, Rüsselsheim
Saarlouis, Salzburg, Schaffhausen, Schkeuditz, Schriesheim, Seewalchen, Senftenberg, Singen, Soest, Sohland, Solingen, Steißlingen, St. Pölten, Stuttgart, Suhl, Sursee
Tirschenreuth, Traiskirchen, Trebur, Trier, Tübingen
Überlingen
Violau
Waghäusel, Waldburg, Weikersheim, Welzheim, Wetterau, Wetzlar, Wien, Wiesbaden, Winterthur, Winzer
Zeilarn, Zweibrücken

Planetarien

Planetarien gibt es im deutschsprachigen Raum in folgenden Städten:
Augsburg, Berlin, Bochum, Bremen, Cottbus, Freiburg, Halle, Hamburg, Jena, Kassel, Kiel, Klagenfurt, Laupheim, Luzern, Mannheim, München, Münster, Nürnberg, Osnabrück, Recklinghausen, Schneeberg, Schwaz, Stuttgart, Wien, Wolfsburg

Lesetipps aus dem Kosmos-Verlag

Berthier, D.: Sternbeobachtung in der Stadt
Tipps & Tricks für lichtgeplagte Stadtbeobachter
Bourge, P. / Lacroux, J.: Sternbeobachtung für Einsteiger
Mit bloßem Auge und dem Fernglas
Celnik, W. E.: Kosmos-Himmelspraxis
Das Jahrbuch für aktive Beobachter mit Praxistipps, erscheint jährlich im Herbst
Hahn, H.: Was tut sich am Himmel?
Das Jahrbuch für neugierige Naturbeobachter, erscheint jährlich im Frühjahr
Herrmann, D. B.: Die Kosmos-Himmelskunde
Hintergrundwissen von Planeten bis Galaxien
Hermann, J.: Welcher Stern ist das?
Der Klassiker für den Anfang
Schilling, G.: Das Kosmos-Buch der Astronomie
Leicht verständliches Basiswissen

Register

Die fett gedruckte Seitenzahl weist bei einem Sternbild auf diejenige Seite hin, auf der das Sternbild mit Text und Sternkarte ausführlich beschrieben wird. Ebenso ist bei einem Planeten diejenige Seite fett angegeben, auf der der Planet genauer vorgestellt wird.

Bildnachweis

Stefan Binnewies, Much: 13, 33 (unten), 64 (unten), 70 (unten);
Bernd Flach-Wilken, Wirges: 34 (unten);
Martin Gertz, Sternwarte Welzheim/Planetarium Stuttgart: 2/3, 8/9, 22 (unten), 62 (unten), 72 (unten), 79, 86 (links);
Till Credner, Sven Kohle/www.allthesky.com: 20 (unten), 24 (unten), 26 (unten), 36 (unten), 42 (unten), 44 (unten), 56 (unten), 66 (unten), 74 (unten), 89 (oben);
Sven Melchert, Heidelberg: Alle Vorlagen zur Illustration der Sternkarten;
Klaus M. Schittenhelm, Stuttgart: 15, 85 (rechts), 90/91;
Gunther Schulz, Fußgönheim: 12 (beide), 18/19, 20 (oben), 21, 22 (oben), 23, 24 (oben), 25, 26 (oben), 27, 28 (oben), 29, 30/31, 32 (oben), 33, 34 (oben), 35, 36 (oben), 37, 38 (oben), 39, 40 (oben), 41, 42 (oben), 43, 44 (oben), 45, 46/47, 48 (oben), 49, 50 (oben), 51, 52 (oben), 53, 54 (oben), 55, 56 (oben), 57, 58 (oben und unten), 59, 60/61, 62 (oben), 63, 64 (oben), 65, 66 (oben), 67, 68 (oben), 69, 70 (oben), 71, 72 (oben), 73, 74 (oben), 75, 78, 80, 85 (links), 86 (rechts), 87 (beide), 88;
Stefan Seip/www.astromeeting.de: 4, 28 (unten), 38 (unten), 40 (unten), 48 (unten), 50 (unten), 52 (unten), 54 (unten), 68 (unten), 76/77, 81 (beide), 82 (beide), 83/84, 89 (unten);
NASA/*Hubble*-Weltraumteleskop: 16/17

Impressum

Umschlaggestaltung von eStudio Calamar unter Verwendung zweier Sternkarten von Gunther Schulz, Fußgönheim.

Mit 44 Farbfotos, 29 Sternkarten und 32 Illustrationen (Bildnachweis siehe oben).

Bibliografische Information der Deutschen Bibliothek:
Die Deutsche Bibliothek verzeichnet diese Publikation in der Deutschen Nationalbibliografie. Detaillierte bibliografische Angaben sind im Internet über http://dnb.ddb.de abrufbar.

Gedruckt auf chlorfrei gebleichtem Papier.

ISBN-13: 978-3-440-10220-6
ISBN-10: 3-440-10220-3
Redaktion: Justina Engelmann
Produktion: Siegfried Fischer
Printed in Germany/Imprimé en Allemagne